高等职业教育新形态系列教材
高职高专素质教育通识课系列教材

计算机应用基础
（Windows 7+Office 2010）

主编 胡 爽 李 伟
副主编 王 欣 夏洪波 张乐艳 王丽辉

JISUANJI

YINGYONGJICHU

北京理工大学出版社
BEIJING INSTITUTE OF TECHNOLOGY PRESS

内 容 提 要

本书内容丰富,强调知识性和实践性,主要训练学生在计算机应用中非程序设计部分的操作能力,培养学生的计算机文化素养。全书共分为六章,主要内容包括计算机基础知识、Windows7 操作系统、Word 2010 文字处理软件、Excel 2010 表格处理软件、Power Point 2010 演示文稿软件、计算机网络基础知识等。

本书可作为高等职业院校非计算机专业的学生学习计算机基础知识的教材,也可供计算机爱好者自学使用。

版权专有 侵权必究

图书在版编目(CIP)数据

计算机应用基础:Windows 7+Office 2010 / 胡爽,李伟主编. —北京:北京理工大学出版社,2019.8(2022.1重印)

ISBN 978-7-5682-7406-7

Ⅰ. ①计… Ⅱ. ①胡…②李… Ⅲ. ①Windows操作系统—高等学校—教材②办公自动化—应用软件—高等学校—教材 Ⅳ. ①TP316.7②TP317.1

中国版本图书馆CIP数据核字(2019)第170092号

出版发行 /	北京理工大学出版社有限责任公司
社　　址 /	北京市海淀区中关村南大街5号
邮　　编 /	100081
电　　话 /	(010)68914775(总编室)
	(010)82562903(教材售后服务热线)
	(010)68944723(其他图书服务热线)
网　　址 /	http://www.bitpress.com.cn
经　　销 /	全国各地新华书店
印　　刷 /	河北鑫彩博图印刷有限公司
开　　本 /	787毫米×1092毫米 1/16
印　　张 /	14.5
字　　数 /	352千字
版　　次 /	2019年8月第1版 2022年1月第3次印刷
定　　价 /	46.00元

责任编辑 /	朱　婧
文案编辑 /	朱　婧
责任校对 /	周瑞红
责任印制 /	边心超

图书出现印装质量问题,请拨打售后服务热线,本社负责调换

前言 PREFACE

  当今计算机信息技术仍然继续快速发展和革新，这些变化正在不断改变着人类的生活、学习和工作方式。计算机技术的革新，使得越来越多的电子产品或者服务出现在我们的日常生活、学习和工作中。时代在进步，这就要求人们要有与时俱进的意识，尤其是年轻的大学生，是国家的人才储备库，更要严格要求自己，提升自身的知识水平和计算机基础知识的学习及应用能力。

  "计算机应用基础"作为高等职业院校非计算机专业学生的一门必修课程，以培养学生计算机技能、信息化素养、计算思维能力为目标，是后续课程学习的基础。随着计算机技术、网络技术的快速发展，"计算机应用基础"课程教学改革面临着前所未有的机遇和挑战。尽管中小学开设了信息技术课程，但来自不同地区的学生的计算机技能水平仍存在很大差异，而且高等职业院校学科种类很多，多学科对计算机应用能力的要求也不尽相同。

  现阶段高等职业院校计算机应用基础课程教学普遍存在着教学大纲、实训大纲和课堂教学的统一化现象，导致课程目标同质化，这显然与学生的差异化发展需求相矛盾，严重制约学生对课程学习的个性化需求。基于这样的现状，对计算机应用基础课程实施分级分类教学改革势在必行，这有利于实现"计算机应用基础"课程的因材施教，激发学生的学习兴趣，体现教学的时效性和针对性，有效解决当前高等职业院校"计算机应用基础"课程教学改革的瓶颈问题。

本书根据大学计算机公共基础课程教学和教学改革研究的实践经验编写而成，概述了计算机科学的主要领域，既有一定的广度，又有一定的深度。本书强化基础、注重实践，在内容上采用循序渐进的方法，突出重点，知识点实例化，使学生易学易懂。

本书的编写根据学习者计算机水平的现状构建科学合理、内容新颖、突出综合知识应用能力的实训体系，以提高本课程的教学质量。全书共分为六章，主要内容包括计算机基础知识、Windows 7 操作系统、Word 2010 文字处理软件、Excel 2010 表格处理软件、Power Point 2010 演示文稿软件、计算机网络基础知识等。

本书由胡爽、李伟担任主编，由王欣、夏洪波、张乐艳、王丽辉担任副主编，其中，胡爽负责编写第三章，李伟负责编写第四章，王欣负责编写第二章，夏洪波负责编写第一章，张乐艳负责编写第五章，王丽辉负责编写第六章。全书由胡爽负责统稿。

本书在编写过程中参阅了大量文献，在此向原作者致以衷心的感谢！由于编写时间仓促，编者的经验和水平有限，书中难免有不妥和错误之处，恳请读者和专家批评指正。

编　者

目录 CONTENTS

第一章 计算机基础知识 ·· 1
 第一节 计算机概述 ·· 2
 第二节 计算机中的信息 ·· 10
 第三节 计算机系统 ·· 20
 第四节 计算机语言 ·· 24

第二章 Windows 7 操作系统 ··· 29
 第一节 操作系统概述 ·· 30
 第二节 Windows 7 的基本操作 ·· 34
 第三节 Windows 7 对程序的管理 ······································ 42
 第四节 Windows 7 对文件的管理 ······································ 47
 第五节 Windows 7 对磁盘的管理 ······································ 52
 第六节 Windows 7 的控制面板 ·· 54
 第七节 Windows 7 对打印机的管理 ···································· 68

第三章 Word 2010 文字处理软件 ·· 72
 第一节 Word 2010 概述 ·· 73
 第二节 Word 2010 的基本编辑操作 ···································· 79
 第三节 Word 2010 文档格式与排版操作 ································ 89
 第四节 Word 2010 的表格操作 ·· 100
 第五节 Word 2010 图文混排 ·· 107
 第六节 Word 2010 的其他功能 ·· 115
 第七节 Word 2010 打印文档 ·· 120

第四章 Excel 2010 表格处理软件 ………………………………… 125
第一节　Excel 2010 概述 ………………………………………… 126
第二节　工作簿和工作表的基本操作 …………………………… 130
第三节　编辑工作表 ……………………………………………… 135
第四节　公式与函数 ……………………………………………… 144
第五节　数据管理与分析 ………………………………………… 152
第六节　打印工作表 ……………………………………………… 165

第五章 PowerPoint 2010 演示文稿软件 ………………………… 170
第一节　PowerPoint 2010 概述 ………………………………… 171
第二节　制作幻灯片 ……………………………………………… 176
第三节　幻灯片交互效果 ………………………………………… 183
第四节　幻灯片的放映和输出 …………………………………… 190

第六章 计算机网络基础知识 ………………………………………… 198
第一节　计算机网络概述 ………………………………………… 199
第二节　计算机网络的组成 ……………………………………… 205
第三节　Internet 基础 …………………………………………… 211
第四节　Internet 应用 …………………………………………… 218

参考文献 ……………………………………………………………… 226

第一章
计算机基础知识

学习目标

通过本章的学习,了解计算机的产生与发展,计算机的分类和特点,计算机系统的组成,计算机语言;理解计算机的主要技术指标,数据在计算机中的表示;掌握计算机中的进位计数制以及相互转化,字符的表示和编码。

能力目标

能对计算机的软硬件有初步的认识,能对二进制、八进制、十进制、十六进制进行相互转化。

第一节 计算机概述

一 计算机的产生

在人类文明发展的历史长河中，计算工具经历了从简单到复杂、从低级到高级的发展过程。如绳结、算筹、算盘、计算尺、手摇机械计算机、电动机械计算机等，这些工具在不同的历史时期发挥了各自的作用，而且也孕育了电子计算机的设计思想和雏形。

世界上第一台电子计算机在 1946 年诞生，它的名字是 ENIAC（Electronic Numerical Integrator And Computer），即电子数值积分计算机，如图 1-1 所示。1945 年年底，世界上第一台使用电子管制造的电子数字计算机在美国宾夕法尼亚大学莫尔电机学院成功研制，并于 1946 年 2 月 15 日举行了计算机的正式揭幕典礼。ENIAC 犹如一个庞然大物，重 27 吨，占地约为 167 平方米，由 17 468 个电子管组成，功率为 150 千瓦，每秒能进行加法运算 5 000 次，乘法运算 500 次，比当时已有的计算装置要快 1 000 倍。

ENIAC 的出现奠定了电子计算机的发展基础，宣告了一个新时代的开始，揭开了电子计算机发展和应用的序幕。

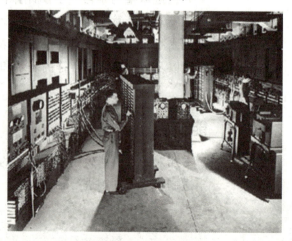

图 1-1 世界上第一台电子计算机 ENIAC

在 ENIAC 的基础上,美籍匈牙利数学家冯·诺依曼研制出电子离散变量自动计算机(Electronic Discrete Variable Automatic Computer,EDVAC),并归纳了其主要特点如下:

(1)程序和程序运行所需要的数据以二进制形式存放在计算机的存储器中。

(2)程序和数据存放在存储器中,即程序存储的概念。计算机执行程序时,无须人工干预,能自动、连续地执行程序,并得到预期的结果。

根据冯·诺依曼的原理和思想,决定了计算机必须有输入、存储、运算、控制和输出五个组成部分。

如今,计算机的基本结构仍采用冯·诺依曼提出的原理和思想,人们称符合这种设计的计算机为冯·诺依曼计算机。

计算机的发展

(一)计算机的发展历程

按照主要元器件的发展阶段来划分,电子计算机的发展历程可划分为 4 代。

(1)第一代:电子管计算机(1946—1958 年)。1946 年 2 月 15 日,ENIAC 的诞生代表了计算机发展史上的里程碑。1949 年,第一台存储程序计算机——EDSAC 在剑桥大学投入运行,ENIAC 和 EDSAC 均属于第一代电子管计算机。

第一代电子计算机采用电子管作为计算机的逻辑组件,内存储器采用水银延迟线或者磁芯,外存储器使用纸带、卡片或磁带。受电子器件的限制,其运算速度仅能达到每秒几千次,内存容量也只有几千字节。当时的计算机软件也处于发展初期,仅使用机器语言作为便携程序,直到 20 世纪 50 年代末才出现了汇编语言。

第一代计算机体积庞大、造价极高且故障率较高,当时仅应用于科学研究和军事研究领域。

(2)第二代:晶体管计算机(1958—1964 年)。1957 年,晶体管在计算机中得以使用,美国成功研制了全部使用晶体管的计算机,第二代计算机便诞生了。

第二代计算机采用晶体管作为计算机的逻辑组件,内存储器采用磁芯,外存储器有磁盘、磁带等。其运算速度也有了很大的提高,增加到每秒几十万次;程序设计方面,影响最大的是 FORTRAN 语言,随后又出现了 COBOL、ALGOL 等高级语言。

与第一代计算机相比,晶体管的制造技术完全成熟,已逐渐取代电子管,且晶体管体积小、重量轻、成本低、速度快、功耗小。因此,以晶体管为主要器件的第二代计算机已成功应用于大学、军事和商用部门的数据处理和事务处理。

(3) 第三代：集成电路计算机（1964—1971年）。1958年，德州仪器的工程师 Jack Kilby 发明了集成电路（IC），将三种电子元件结合到一片小小的硅片上，更多的元件集成到单一的半导体芯片上。1962年1月，IBM 公司采用双极型集成电路。

第三代计算机采用小规模集成电路 SSI（Small Scale Integration）和中规模集成电路 MSI（Middle Scale Integration），内存储器采用半导体存储器，外存储器使用磁带或者磁盘。其运算速度每秒可达几十万到几百万次。程序设计技术方面也有很大的发展，形成了三个独立的系统，即操作系统、编译系统和应用程序。

存储器进一步发展，集成电路计算机的体积更小、质量更轻、价格更低。计算机开始广泛应用于各个领域。

(4) 第四代：大规模和超大规模集成电路计算机（1971年至今）。第四代计算机的逻辑器件采用大规模集成电路 LSI（Large Scale Integration）和超大规模集成电路 VLSI（Very Large Scale Integration）。大规模集成电路可以在一个芯片上容纳几百个元件，超大规模集成电路可以在一个芯片上容纳几十万个元件。在一个仅有硬币大小的芯片上容纳如此数量的元件，使得计算机的体积不断减小，价格不断下降，而且功能和可靠性不断加强。计算机的速度可以达到几千亿次到十万亿次。

操作系统向虚拟操作系统发展，应用软件已成为现代工业的一部分，计算机的发展进入以计算机网络为特征的时代。

（二）计算机的发展趋势

随着科技的进步以及各种计算机技术、网络技术的飞速发展，计算机的发展进入了一个快速而崭新的时代。科学家们一直在努力探索新的计算机材料和计算机技术，以便能研究出更快、更好、功能更强的计算机。

目前，集成电路的计算机在短期内还不会退出历史舞台，而一些新型的计算机也正在加紧研究中。随着新的元器件及其技术的发展，新型的超导计算机、光子计算机、量子计算机、生物计算机、纳米计算机将会在21世纪走进人们的生活，遍布各个领域。

1. **超导计算机**

超导计算机是使用超导体元器件的高速计算机。1962年，英国物理学家约瑟夫逊提出了"超导隧道效应"，即由超导体-绝缘体-超导体组成器件，当两端加电压时，电子会像通过隧道一样无阻挡地从绝缘介质中穿过去，形成微小电流。与传统的半导体计算机相比，使用约瑟夫逊器件的超导体计算机的耗电量仅为其千分之一，执行一条指令所需的时间也要快100倍。

2. **光子计算机**

光子计算机即全光数字计算机，与传统硅芯片计算机不同，光子计算机用光束代替电子进行运算和存储，与电子计算机相比，光子计算机的"无导线计算机"信息传递平行通道密度极大。一枚直径5分硬币大小的棱镜,它的通过能力超过全世界现有电话电缆的许多倍。科学家们预计,光子计算机的进一步研制将成为21世纪高科技课题之一。

3. 量子计算机

量子计算机利用粒子的量子力学效应,如光子的极化、原子的自旋等,来表示0和1以进行存储和计算。量子元件的使用将可使计算机的工作速度提高1 000倍,而功耗减少1 000倍,电路大大简化且不易发热,体积大大缩小。专家乐观估计,量子计算机将在2026年之前进入商业化。

4. 生物计算机

生物计算机将生物工程技术产生的蛋白质分子作为原材料制成生物芯片,以波的形式传送信息,传送速度比现代计算机提高上百万倍,能量消耗极小,更易于模仿人脑的功能。生物计算机被称为继超大规模集成电路后的第五代计算机。

5. 纳米计算机

纳米计算机的基本元器件尺寸只有几纳米到几十纳米(1微米=1 000纳米),而现代大规模集成电路上元器件的尺寸约为0.35微米,研究人员另辟蹊跷才能突破0.1微米界,实现纳米级器件。

6. 模糊计算机

依照模糊理论,判断问题不是以是和非两种绝对的值或0和1两种数码来表示,而是取许多值,如接近、几乎、差不多以及差得远等模糊值来表示。用这种模糊的、不确切的判断进行工程处理的计算机就是模糊计算机。模糊计算机是建立在模糊数学基础上的计算机。模糊计算机除具有一般计算机的功能外,还具有学习、思考、判断和对话的能力,可以立即辨识外界物体的形状和特征,甚至可帮助人从事复杂的脑力劳动。

三 计算机的分类、特点及应用

(一)计算机的分类

1. 按计算机的原理划分

从计算机中信息的表示形式和处理方式(原理)的角度来进行划分,计算机可分为数字电子计算机、模拟电子计算机和数字模拟混合式计算机三大类。

在数字电子计算机中,信息都是以0和1两个数字构成的二进制数的形式,即不连续的数字量来表示。在模拟电子计算机中,信息主要用连续变化的模拟量来表示。

2. 按计算机的用途划分

计算机按其用途可分为通用计算机和专用计算机两类。通用计算机适用于解决多种一般性问题,该类计算机使用领域广泛,通用性较强,在科学计算、数据处理和过程控制等多种用途中都能适用;专用计算机适用于解决某个特定方面的问题,配有为解决某问题的软件和硬件。

3．按计算机的规模划分

计算机按规模即存储容量、运算速度等可分为巨型机、大型机、中型机、小型机、微型机、工作站和服务器。

（1）巨型计算机：即超级计算机，是计算机中功能最强、运算速度最快、存储容量最大的一类计算机，多用于国家高科技领域和尖端技术研究，是国家科技发展水平和综合国力的重要标志。巨型计算机的运算速度现在已经超过了每秒千万亿次，如我国国防科学技术大学研制的"天河"和曙光公司研制的"星云"。

（2）大、中型计算机：运算速度快，每秒可以执行几千万条指令，有较大的存储空间。

（3）小型计算机：主要应用在工业自动控制、测量仪器、医疗设备中的数据采集等方面。其规模较小、结构简单、对运行环境要求较低。

（4）微型计算机：又称个人计算机（Personal Computer，PC），采用微处理器芯片，微型计算机体积小、价格低、使用方便。微型计算机的种类很多，主要分成台式计算机（Desktop Computer）、笔记本式计算机（Notebook Computer）、平板计算机（Tablet PC）、超便携个人计算机（Ultra Mobile PC）4类。

（5）工作站：以个人计算机环境和分布式网络环境为前提的高性能计算机。工作站不仅可以进行数值计算和数据处理，而且是支持人工智能作业的作业机，通过网络连接包含工作站在内的各种计算机可以互相进行信息的传送，资源和信息的共享及负载的分配。

（6）服务器：在网络环境下为多个用户提供服务的共享设备，一般可分为文件服务器、打印服务器、计算服务器和通信服务器等。

（二）计算机的特点

计算机是能够高速、精确、自动地进行科学计算和信息处理的现代电子设备。计算机的主要特点表现在以下 6 个方面：

1．运算速度快

运算速度是指计算机每秒内所执行指令的数目。随着新技术的发展，计算机的运算速度不断提高。目前，我国已经研制出每秒万亿次的巨型计算机。

2．计算精度高

计算机中采用二进制进行编码，而数的精度则是由这个数的二进制码的位数决定的，位数越多精度就越高。目前，计算机的有效数字已经有几十位，精度也可达到上亿位。

3．具有超强的记忆能力和可靠的逻辑判断能力

计算机中主要通过存储器来记忆大量的计算机程序和信息，如各种文字、图形、声音等，同时，将它们转换成计算机能够存储的数据形式存储起来，供以后使用。

计算机的逻辑判断功能是指计算机不仅能够进行算术运算，还能进行逻辑判断，从而能够实现计算机工作的自动化，使之模仿人的某些智能活动。

4. 高度自动化又支持人机交互

利用计算机解决实际问题，人们只需要将事先编排好的程序输入计算机中，当指令发出时，计算机便在该程序的控制下自动执行程序中的指令从而完成指定的任务，需要人为干预时，又可实现人机交互。

5. 通用性强

计算机可应用于不同的场合，只需执行相应的程序即可完成不同的工作。

6. 可靠性高

由于采用了大规模和超大规模集成电路，计算机具有非常高的可靠性，可以连续无故障运行几万、几十万小时以上。

（三）计算机的应用

近年来，计算机技术得到了飞跃发展，超级并行计算机技术、高速网络技术、多媒体技术、人工智能技术等相互渗透，改变了人们使用计算机的方式，从而使计算机几乎渗透到人类生产和生活的各个领域，对工业和农业都有极其重要的影响。计算机的应用领域已渗透到社会的各行各业，正在改变着传统的工作、学习和生活方式，推动着社会的发展。计算机的主要应用领域有以下 8 个方面：

1. 科学计算

科学计算也称为数值计算，即应用计算机来解决科学研究和工程设计等方面的数学计算问题，是计算机最早的应用方面。例如，在气象预报、天文研究、水利设计、原子结构分析、生物分子结构分析、人造卫星轨道计算、宇宙飞船的研制等许多方面，都显示出计算机独特的计算优势。

2. 数据和信息处理

计算机数据处理包括数据采集、数据转换、数据组织、数据计算、数据存储、数据检索和数据排序等方面。信息处理的特点是数据量大，但不涉及复杂的数学运算，有大量的逻辑判断和输入输出，时间性较强，传输和处理的信息可以有文字、图形、声音、图像等。

目前，数据处理已广泛应用于办公自动化、企事业单位计算机辅助管理与决策、情报检索、图书管理、电影电视动画设计、会计电算化等各行各业。

3. 计算机辅助系统

（1）计算机辅助设计（Computer Aided Design，简称 CAD）。计算机辅助设计是利用计算机系统辅助设计人员进行工程或产品设计，以实现最佳设计效果的一种技术。它已广泛地应用于飞机、汽车、机械、电子、建筑和轻工等领域。

（2）计算机辅助制造（Computer Aided Manufacturing，简称 CAM）。计算机辅助制造是利用计算机系统进行生产设备的管理、控制和操作的过程。例如，在产品的制造过程中，用计算机控制机器的运行，处理生产过程中所需的数据，控制和处理材料的流动以及对产品进行检测等。

（3）计算机辅助教学（Computer Aided Instruction，简称CAI）。计算机辅助教学是利用计算机系统使用课件来进行教学，课件可以用著作工具或高级语言来开发制作。它能引导学生循环渐进地学习，使学生轻松自如地从课件中学到所需要的知识。CAI的主要特色是交互教育、个别指导和因人施教。

4．过程控制

过程控制是指计算机及时地搜集检测被控对象运行情况的数据，再通过计算机的分析处理后，按照某种最佳的控制规律发出控制信号，以控制过程的进展。由于过程控制一般都是实时控制，有时对计算机速度的要求不高，但要求可靠性高、响应及时。应用计算机进行实时控制可以克服许多非人力能胜任的高温、高压、高速的工艺要求，大大提高生产自动化水平，确保安全、节能降耗，提高劳动效率与产品质量。计算机过程控制已在机械、冶金、石油、化工、纺织、水电、航天等部门得到广泛的应用。

5．人工智能

人工智能（Artificial Intelligence）是计算机模拟人类的智能活动。其包括模式识别、景物分析、自然语言理解和生成、专家系统、机器人等。例如，能模拟高水平医学专家进行疾病诊疗的专家系统，具有一定思维能力的智能机器人等。

6．电子商务

通过计算机和网络进行商务活动。电子商务是在Internet的广阔联系与传统信息技术系统的丰富资源结合的背景下应运而生的一种网上相关联的动态商务活动。

7．计算机网络

计算机网络是计算机技术与现代通信技术的结合。计算机网络的建立，不仅解决了一个单位、一个地区、一个国家中计算机与计算机之间的通信，各种软件、硬件资源的共享，也大大促进了国际之间的文字、图像、视频和声音等各类数据的传输与处理。

8．多媒体技术

多媒体技术就是有声有色的信息处理与利用技术，即多媒体技术就是对文本、声音、图像和图形进行处理、传输、储存和播放的集成技术。多媒体技术的应用领域非常广泛，成功地塑造了一个绚丽多彩的多媒体世界。

计算机的应用已经成为人类大脑思考的延伸，成为人类进行现代化生产和生活的重要工具。

四 计算机的主要技术指标

一台计算机的性能是由多方面的指标决定的，不同的计算机，其侧重面不同。主要包括以下 8 个性能指标：

1．字长

计算机中的信息是用二进制数来表示的，最小的信息单位是二进制的位。

（1）字的概念：在计算机中，将一串数码作为一个整体来处理或运算的，称为一个计算机字，简称字（word）。字的长度用二进制位数来表示，通常，将一个字分为若干个字节（每个字节是二进制数据的 8 位）。例如，16 位计算机的一个字由两个字节组成，32 位计算机的一个字由 4 个字节组成。在计算机的存储器中，通常每个单元存储一个字。在计算机的运算器、控制器中，通常都是以字为单位进行信息传送的。

（2）字长的概念：计算机的每个字所包含的二进制位数称为字长。其是指计算机的运算部件能同时处理的二进制数据的位数。计算机处理数据的速率，与它一次能加工的二进制位数和进行运算的快慢有关。如果一台计算机的字长是另一台计算机的两倍，即使两台计算机的速度相同，在相同的时间内，前者能做的工作是后者的两倍。字长是衡量计算机性能的一个重要因素，计算机的字长越长，则运算速度越快、计算精度越高。

2．主频

主频是指计算机的时钟频率，即 CPU 每秒内的平均操作次数，单位是兆赫兹（MHz），在很大程度上决定了计算机的运算速度。

3．内存容量

内存容量即内存储器（一般指 RAM）能够存储信息的总字节数。其直接影响计算机的工作能力，内存容量越大，则机器的信息处理能力越强。

4．存取周期

将信息代码存入存储器，称为"写"；将信息代码从存储器中取出，称为"读"。存储器完成一次数据的读（取）或写（存）操作所需要的时间称为存储器的访问时间；连续两次读或写所需的最短时间称为存取周期。存取周期越短，则存取速度越快。

5．硬盘性能

硬盘的主要性能指标是硬盘的存储容量和存取速度。

6．外设配置

外设配置种类繁多，要根据实际需要合理配置，如声卡、显示适配器等。

7．软件配置

通常是根据工作需要配置相应的软件，如操作系统、各种程序设计语言处理程序、数据库管理系统、网络通信软件和字处理软件等。

8．运算速度

运算速度是一项综合性的性能指标，其单位是 MIPS（百万条指令/秒）。因为各种指令的类型不同，所以执行不同指令所需的时间也不一样。影响机器运算速度的因素很多，主要是 CPU 的主频和存储器的存取周期。

第二节 计算机中的信息

一 进位计数制

在计算机中，信息以数据的形式来表示。从表面上看，信息一般可以使用符号、数字、文字、图形、图像、声音等形式来表示，但在计算机中最终都要使用二进制数来表示。计算机内部的电子部件通常只有"导通"和"截止"两种状态，所以，计算机中信息的表示只要有0和1两种状态即可。由于二进制数有0和1两个数码，所以，人们在计算机中使用二进制数来存储、处理各种形式和各种媒体的信息。由于二进制使用起来不方便，因此，人们经常使用十进制、八进制和十六进制。

一种进位计数制包含一组数码符号和三个基本因素。

【数码】数码是指一组用来表示某种数制的符号。例如，二进制的数码是0、1；八进制的数码是0、1、2、3、4、5、6、7。

【基数】基数是指该进制中允许选用的基本数码的个数。

十进制有10个数：0，1，2，……，9

二进制有2个数：0，1

八进制有8个数：0，1，2，……，7

十六进制有十六个数：0，1，2，……9，A，B，C，D，E，F（其中A～F对应十进制的10～15）

【数位】一个数中的每一个数字所处的位置称为数位。

【位权】位权是一个固定值，是指在某种进位计数制中，每个数位上的数码所代表的数值的大小，等于在这个数位上的数码乘上一个固定的数值，这个固定的数值就是这种进位计数制中该数位上的位权。

在计算机中，为了区分不同的进位计数制，由以下两种方式表示。

第一种方式是在数字后面加英文字母作为标识，标识如下：

B（Binary）　　　　　B表示二进制数，如1101B；

O（Octonary）　　　　O表示八进制数，如153O；

D（Decimal）　　　　D表示十进制数，如361D；

H（Hexadecimal）　　H表示十六进制数，如3A4B6H。

第二种方法是将数字放括号中,在括号后面加下标,标识如下:

$(1101)_2$:下标 2 表示二进制数;

$(153)_8$:下标 8 表示八进制数;

$(361)_{10}$:下标 10 表示十进制数;

$(3A4B6)_{16}$:下标 16 表示十六进制数。

1. 十进制数(D)

十进制计数简称十进制,十进制数具有以下特点:

(1) 10 个不同的数码符号,分别从 0~9。

(2) 每个数码符号根据它在这个数中的数位,按照"逢十进一"来决定其实际数值。十进制的位权是 10 的整数次幂。

例如,十进制数 348.52 可表示为:

$(348.52)_{10}=3\times10^2+4\times10^1+8\times10^0+5\times10^{-1}+2\times10^{-2}$

2. 二进制数(B)

二进制计数简称二进制,二进制数具有以下特点:

(1) 有 2 个不同的数码符号,分别为 0 和 1。

(2) 每个数码符号根据它在这个数中的数位,按照"逢二进一"来决定其实际数值。二进制数的位权是 2 的整数次幂。

例如,十进制数 11010.11 可表示为:

$(11010.11)_2=1\times2^4+1\times2^3+0\times2^2+1\times2^1+0\times2^0+1\times2^{-1}+1\times2^{-2}$

二进制的优点:运算简单,物理实现容易,存储和传送方便、可靠。

二进制的缺点:数的位数太长且字符单调,使得书写、记忆和阅读不方便。

为了克服二进制的缺点,在进行指令书写、程序输入和输出等工作时,通常采用八进制数和十六进制数作为二进制数的缩写。

3. 八进制数(O 或 Q)

八进制计数简称八进制,八进制数具有以下特点:

(1) 有 8 个不同的数码符号,分别为 0~7。

(2) 每个数码符号根据它在这个数中的数位,按照"逢八进一"来决定其实际数值。八进制数的位权是 8 的整数次幂。

例如,八进制数 123.45 可表示为:

$(123.45)_8=1\times8^2+2\times8^1+3\times8^0+4\times8^{-1}+5\times8^{-2}$

4. 十六进制数(H)

十六进制计数简称十六进制,十六进制数具有以下特点:

(1) 有 16 个不同的数码符号,分别为 0~9、A~F。由于十六进制数字只有 0~9 这 10 个字符,而十六进制要用 16 个数字符号以便"逢十六进一"。

(2) 每个数码符号根据它在这个数中的数位,按照"逢十六进一"来决定其实际数值。十六进制数的位权是 16 的整数次幂。

例如:十六进制数 3AB.48 可表示为:

$(3AB.48)_{16}=3\times16^2+10\times16^1+11\times16^0+4\times16^{-1}+8\times16^{-2}$

读书笔记

二 数制转换

（一）二进制的运算

1. 二进制算术运算

二进制算术运算与十进制运算类似，同样可以进行四则运算，其操作简单、直观，更容易实现。

二进制求和法则如下：

$$0+0=0$$
$$0+1=1$$
$$1+0=1$$
$$1+1=10（逢二进一）$$

二进制求差法则如下：

$$0-0=0$$
$$1-0=1$$
$$0-1=1（借一当二）$$
$$1-1=0$$

二进制求积法则如下：

$$0\times 0=0$$
$$0\times 1=0$$
$$1\times 0=0$$
$$1\times 1=1$$

二进制求商法则如下：

$$0\div 0=0$$
$$0\div 1=0$$
$$1\div 0（无意义）$$
$$1\div 1=1$$

在进行两数相加时，先写出被加数和加数，然后按照由低位到高位的顺序，根据二进制求和法则把两个数逐位相加即可。

【例1-1】求 1001101+10010=？

解　1001101
　+)　 10010
　　1011111　　　　　　结果：1001101+10010=1011111

【例1-2】求 1001101-10010=？

解　1001101
　-)　 10010
　　0111011　　　　　　结果：1001101-10010=0111011

2. 二进制逻辑运算

计算机的逻辑运算和算术运算的主要区别：逻辑运算是按位进行

的，位与位之间不像加减运算那样有进位与借位的联系。

逻辑运算主要包括三种基本运算，即逻辑加法（又称"或"运算）、逻辑乘法（又称"与"运算）和逻辑否定（又称"非"运算）。另外，"异或"运算也很有用。

（1）逻辑"与"：

$0 \wedge 0=0$，$0 \wedge 1=0$，$1 \wedge 0=0$，$1 \wedge 1=1$

"与"运算在不同软件中用不同的符号表示，如：AND，$\wedge$等。

（2）逻辑"或"：

$0 \vee 0=0$，$0 \vee 1=1$，$1 \vee 0=1$，$1 \vee 1=1$

"或"运算通常用符号 OR、$\vee$等来表示。

（3）逻辑"非"：

$!0=1$，$!1=0$

对某二进制数进行"非"运算，实际上就是对它的各位按位求反。

（二）不同数制间的相互转换

1．十进制数转换成 R 进制数

十进制数转换为 R 进制数可分为整数部分和小数部分的转换。

（1）十进制整数转换成 R 进制整数。整数（除 R 取余法）：除 R 取余数，直到商为 0，余数由下而上排列。

【例1-3】将十进制数整 49 转换为二进制整数。

```
2 |49      余数 = 1      二进制整数最低位
  2 |24    余数 = 0
    2 |12  余数 = 0
      2 |6 余数 = 0
       2 |3 余数 = 1
         2 |1 余数 = 1   二进制整数最高位
           0
```

结果：$(49)_{10} = (110001)_2$

【例1-4】将十进制整数 49 转换为八进制整数。

```
8 |49    余数 = 1    八进制整数最低位
  8 |6   余数 = 6    八进制整数最高位
    0
```

结果：$(49)_{10} = (61)_8$

（2）十进制小数转换成 R 进制小数。小数（乘 R 取整法）：将纯小数部分乘以 R 取整数，直到小数的当前值等于 0 或满足所要求的精度即可，最后将所得到的乘积的整数部分由上而下排列。

【例1-5】将十进制小数 0.6875 转换为二进制小数。

```
   0.6875
 ×     2
```

```
            1.3750    1    最高位
          ×       2
            0.7500    0
          ×       2
            1.5000    1
          ×       2
            1.0000    1    最低位
```

结果：$(0.6875)_{10} = (1101)_2$

【例 1-6】 将十进制小数 193.12 转换为八进制小数。

```
8 ⌊193      余数 = 1    八进制整数最低位
  8 ⌊24     余数 = 0
     8 ⌊3   余数 = 3    八进制整数最高位
        0
```

$(193)_{10} = (301)_8$

```
            0.12
          ×    8
            0.96    0    最高位
          ×    8
            7.68    7
          ×    8
            5.44    5    最低位
```

$(0.12)_{10} = (0.075)_8$

结果：$(193.12)_{10} = (301.075)_8$

2．R 进制数转换成十进制数

位权法：把各 R 进制数按权展开求和。

转换公式：$(F)_R = a_{n-1} \times R^{n-1} + a_{n-2} \times R^{n-2} + \ldots + a_1 \times R^1 + a_0 \times R^0 + a_{-1} \times R^{-1} + \ldots$

【例 1-7】 将二进制数 1001101.01 转化成十进制数。

$(1001101.01)_2 = 1 \times 2^6 + 0 \times 2^5 + 0 \times 2^4 + 1 \times 2^3 + 1 \times 2^2 + 0 \times 2^1 + 1 \times 2^0 + 0 \times 2^{-1} + 1 \times 2^{-2} = (77.75)_{10}$

【例 1-8】 将八进制数 144 转化成十进制数。

$(144)_8 = 1 \times 8^2 + 4 \times 8^1 + 4 \times 8^0 = (100)_{10}$

【例 1-9】 将十六进制数 7A3F 转化成十进制数。

$(7A3F)_{16} = 7 \times 16^3 + 10 \times 16^2 + 3 \times 16^1 + 15 \times 16^0 = (31295)_{10}$

3．二进制数与八进制数、十六进制数之间的转换

二进制转换为八进制：$2^3=8$，也就是说 3 位二进制数可以表示 8 种状态，即 000～111，这 8 个数分别代表 0～7，八进制可使用的数恰好是 0～7 这八个数，所以二进制的 3 位与八进制的 1 位相对应。以小数点为界，将整数部分从右向左每 3 位一组，最高一组不足 3 位时，在最左端添 0 补足 3 位；小数部分从左向右，每 3 位一组，最低一组不足 3 位时，在最右端添 0 补足 3 位。

二进制转换为十六进制：$2^4=16$，也就是说 4 位二进制数可以表示 16 种状态，即 0000～1111，这 16 个数分别代表 0～9 加上 A～F 这 16 个数，十六进制可使用的数恰好是 0～F 这 16 个数，所以二进制的 4 位与十六进制的 1 位相对应。以小数点为界，将整数部分从右向左每 4 位一组，最高一组不足 4 位时，在最左端添 0 补足 4 位；小数部分从左向右，每 4 位一组，最低一组不足 4 位时，在最右端添 0 补足 4 位。

【例 1-10】将二进制数 100110110111.0101 转换为八进制数

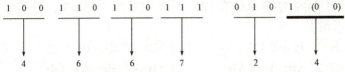

结果：$(100110110111.0101)_2=(4667.24)_8$

【例 1-11】将八进制数 324 转化为二进制数

结果：$(324)_8=(011010100)_2$

各种进制数对照表见表 1-1。

表 1-1　十进制、二进制、八进制和十六进制之间的对应关系

十进制数	二进制数	八进制数	十六进制数
0	0000	0	0
1	0001	1	1
2	0010	2	2
3	0011	3	3
4	0100	4	4
5	0101	5	5
6	0110	6	6
7	0111	7	7
8	1000	10	8
9	1001	11	9
10	1010	12	A
11	1011	13	B
12	1100	14	C
13	1101	15	D
14	1110	16	E
15	1111	17	F

三、信息的计量单位

1. 几个基本概念

（1）位（bit）。也称为比特，常用小写字母"b"表示，位是计算

机存储设备的最小单位，一个二进制位只能表示两种状态，即用 0 或者 1 来表示一个二进制数位。

（2）字节（Byte）。一个字节由 8 位二进制数构成，常用大写字母"B"表示，字节是最基本的数据单位。在计算机内部，数据传送也是按字节的倍数进行的。一个字节最小值为 0，最大值为 $(11111111)_2$ = $(FF)_{16}$ = 255。

2. 扩展存储单位

经常使用的字节单位有 KB、MB、GB、TB 和 PB，其相互之间换算的关系如下：

1 KB = 2^{10} B = 1024 B　　　　1 MB = 2^{10} KB = 1024 KB

1 GB = 2^{10} MB = 1024 MB　　 1 TB = 2^{10} GB = 1024 GB

1 PB = 2^{10} TB = 1024 TB

四 数值在计算机中的表示

数值在计算机中是以二进制形式表示的，除要表示一个数的值外，还要考虑符号、小数点的表示。小数点的表示隐含在某一位置上（定点数）或浮动（浮点数）。

1. 二进制数整数的原码、反码和补码

在计算机中，所有数和指令都是用二进制代码表示的。一个数在计算机中的表示形式称为机器数。机器数所对应的原来数值称为真值。由于采用二进制，计算机也只能用 0、1 来表示数的正、负，即把符号数字化。0 表示正数，1 表示负数。原码、反码和补码是把符号位和数值位一起编码的表示方法。

（1）原码。符号位为 0 时表示正数，符号位为 1 时表示负数，数值部分用二进制数的绝对值表示，称为原码表示方法。

例如，假设机器数的位数是 8 位，最高位是符号位，其余 7 位是数值位。例如，[+9] 的原码表示为 00001001，[-9] 的原码表示为 10001001。

（2）反码。反码是另一种表示有符号数的方法。对于正数，其反码与原码相同。对于负数，在求反码时，是将其原码除符号位外的其余各位按位取反。即除符号位外，将原码中的 1 都换成 0、0 都换成 1。

例如，[+9] 的反码表示为 00001001，[-9] 的反码表示为 11110110。

（3）补码。正数的补码与其原码相同。负数的补码是先求其反码，然后在最低位加 1。

例如，[+9] 的补码表示为 00001001，[-9] 的补码表示为 11110111。

2. 数的小数点表示法

（1）定点数表示法。定点数表示法通常把小数点固定在数值部分的最高位之前，或把小数点固定在数值部分的最后面。前者将数表示成纯小数；后者将数表示成整数。

（2）浮点数表示法。浮点数表示法是指在数的表示中，其小数点的

位置是浮动的。任意一个二进制数 N 可以表示成：$N=2^E \cdot M$，式中，M 表示数的尾数或数码；E 表示指数（是数 N 的阶码，是一个二进制数）。将一个浮点数表示为阶码和尾数两部分，尾数是纯小数。其形式如下：

$$阶符，阶码；尾符，尾数$$

例如，$N=(2.5)_{10}=(10.10)_2=0.1010×2^{10}$ 的浮点表示如下：

$$0, 10; 0, 1010$$

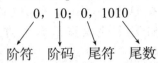

阶符　阶码　尾符　尾数

上面的阶码和尾数都是用原码表示，实际上往往用补码表示。浮点数的表示方法比定点数表示数的范围大，数的精度也高。

综上所述，计算机中使用二进制数，引入补码把减法转化为加法，简化了运算；使用浮点数扩大了数的表示范围，提高了数的精度。

3. 二进制编码的十进制数

在计算机输入输出时，通常采用十进制数。要使计算机能够理解十进制数，就必须进行二进制编码。常用的有 BCD 码即 8421 码，是指用二进制数的 4 位来表示十进制数的 1 位。

例如，用 8421 码表示十进制数 876，则 8 用 1000 表示，7 用 0111 表示，6 用 0110 表示，得到 $(876)_{10} \rightarrow (1000\ 0111\ 0110)_{8421}$。

五　字符的表示和编码

编码就是采用少量的基本符号（如使用二进制的基本符号 0 和 1），选用一定的组合原则，以表示各种类型的信息（如数值、文字、声音、图形和图像等）。为了使信息的表示、交换、存储或加工处理方便，在计算机系统中通常采用统一的编码方式。在输入过程中，系统自动将用户输入的各种数据按编码的类型转换成相应的二进制形式存入计算机存储单元中。在输出的过程中，再由系统自动将二进制编码数据转换成用户可以识别的数据格式输出给用户。

1. Unicode

世界上有很多种编码方式，同一个二进制数字可以被解释成不同的符号。因此，要想打开一个文本文件，就必须知道它的编码方式，否则用错误的编码方式解读，就会出现乱码。为什么电子邮件常常出现乱码？就是因为发信人和收信人使用的编码方式不一样。

有一种编码，将世界上所有的符号都纳入其中，每一个符号都给予一个独一无二的编码，那么乱码问题就会消失，这就是 Unicode。

在计算机科学领域中，Unicode（统一码、万国码、单一码、标准万国码）是业界的一种标准，它可以使电脑得以呈现世界上数十种文字的系统。Unicode 是基于通用字符集（Universal Character Set）的标准来发展，它为每种语言中的每个字符设定了统一并且唯一的二进制编码，以满足跨语言、跨平台进行文本转换、处理的要求。

通用字符集可以简写为 UCS。早期的 Unicode 标准有 UCS-2、UCS-4 两种格式。UCS-2 用两个字节编码，UCS-4 用 4 个字节编码。Unicode 用数字 0-0×10FFFF 来映射这些字符，最多可以容纳 1114112 个字符，或者说有 1114112 个码位。码位就是可以分配给字符的数字。UTF-8、UTF-16、UTF-32 都是将数字转换到程序数据的编码方案。一般提到 Unicode 就是指 UTF-16 编码，所谓 Unicode 编码转换其实就是指从 UTF-16 到 ANSI 各个代码页编码（UTF-8、ASCII、GB2312/GBK、BIG5 等）的转换。

2. ASCII 码

目前，计算机中使用最广泛的字符集及其编码，是由美国国家标准局（ANSI）制定的 ASCII 码（American Standard Code for Information Interchange，美国标准信息交换码），它已被国际标准化组织（ISO）定为国际标准，称为 ISO 646 标准。

ASCII 码一共规定了 128 个字符的编码，例如，空格"SPACE"是 32（二进制 00100000），大写的字母 A 是 65（二进制 01000001）。这 128 个符号（包括 32 个不能打印出来的控制符号），只占用了一个字节的后面 7 位，最前面的 1 位统一规定为 0。ASCII 码表，见表 1-2。

表 1-2　ASCII 码表

高3位 低4位	0 0000	1 0001	2 0010	3 0011	4 0100	5 0101	6 0110	7 0111
0000	NUL	DLE	SP	0	@	P	`	p
0001	SOH	DC1	!	1	A	Q	a	q
0010	STX	DC2	"	2	B	R	b	r
0011	EXT	DC3	#	3	C	S	c	s
0100	EOT	DC4	$	4	D	T	d	t
0101	ENQ	NAK	%	5	E	U	e	u
0110	ACK	SYN	&	6	F	V	f	v
0111	BEL	ETB	'	7	G	W	g	w
1000	BS	CAN	(	8	H	X	h	x
1001	HT	EM	)	9	I	Y	i	y
1010	LF	SUB	*	:	J	Z	j	z
1011	VT	ESC	+	;	K	[	k	{
1100	FF	FS	,	<	L	\	l	|
1101	CR	GS	-	=	M	]	m	}
1110	SO	RS	.	>	N	↓	n	~
1111	SI	US	/	?	O	↑	o	DEL

3. 汉字字符

汉字是象形文字，种类繁多，编码比较困难，而且在一个汉字处理系统中，输入、内部处理、输出对汉字编码的要求不尽相同，因此要进行一系列的汉字编码及转换。汉字信息处理系统中各编码及流程，如

图 1-2 所示。

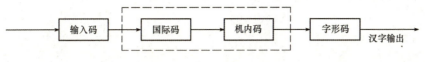

图 1-2 汉字信息处理系统

（1）汉字输入码。汉字输入码（外码）是为了将汉字输入计算机而设计的代码。不同的输入法对应不同的输入编码，因此，汉字的输入码不是统一的。智能 ABC、五笔字型、郑码输入法等都采用不同的输入码。

（2）国际码。为了适应计算机处理汉字信息的需要，1981 年，我国颁布了国家标准《信息交换用汉字编码字符集 基本集》（GB 2312—1980）。该标准选出 6 763 个常用汉字和 682 个非常用汉字字符，并为每个字符规定了标准代码。

区位码是国标码的另一种表现形式，把 GB 2312 字符集组成一个 94 行 ×94 列的二维表，行号为区号，列号为位号，每个汉字或字符在该编码表中的位置用它所在区号和位号来表示。为了处理与存储方便，每个汉字在计算机内部用两个字节来表示，其中前一个字节表示区号，后一个字节表示位号。使用区位码的主要目的是为了输入一些中文符号或用其他输入法无法输入的汉字、制表符以及日语字母、俄语字母、希腊字母等。

国际码 = 区位码（十六进制）+2020H

（3）机内码。汉字机内码是供计算机系统内部进行存储、加工处理、传输统一使用的代码，又称汉字内部码。

根据国标码的规定，每一个汉字都有确定的二进制代码，但是这个代码在计算机内部处理时会与 ASCII 码发生冲突，为了解决这个问题，在国标码的每一个字节的首位上加 1。由于 ASCII 码只用 7 位，所以这个首位上的"1"就可以作为识别汉字代码的标志。计算机在处理到首位是"1"的代码时把它理解为是汉字的信息，在处理到首位是"0"的代码时把它理解为是 ASCII 码。经过这样处理后的国标码就是汉字机内码。

机内码 = 国际码 +8080H

（4）字形码。汉字字形码是汉字字库中存储的汉字字形的数字化信息，用于汉字的显示和打印输出。

目前，汉字字形的产生方式大多是点阵方式。所谓点阵，就是将字符（包括汉字图形）看成一个矩形框内一些横竖排列的点的集合，有笔画的位置用黑点表示，没有笔画的用白点表示。因此，汉字字形码主要是指汉字字形点阵的代码。

汉字字形点阵有 16×16 点阵、24×24 点阵、32×32 点阵、48×48 点阵等。点阵越大，对每个汉字的修饰作用就越强，打印质量就越高，同时，一个汉字所占用的存储空间也就越大。

第三节 计算机系统

一 计算机系统基本组成

一个完整的计算机系统是由硬件系统和软件系统两部分组成的,如图1-3所示。

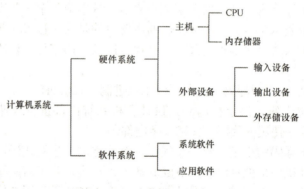

图1-3 计算机系统组成

硬件是指组成计算机的电子元器件、电子线路及机械装置等实体,即物理设备。硬件系统是指组成计算机系统的各种物理设备的总称,是计算机完成各项工作的物质基础。

软件是指用某种计算机语言编写的程序、数据和相关文档的集合。软件系统则是在计算机上运行的所有软件的总称。

硬件是软件建立和依托的基础,软件是指使计算机完成特定的工作任务,是计算机系统的灵魂。

二 计算机硬件系统

从计算机的产生发展到今天,各种计算机均属于冯·诺依曼型计算机。这种计算机的硬件系统结构从原理上来说,主要由运算器、控制器、存储器、输入设备和输出设备五部分组成。

1. 运算器

运算器又称算术逻辑单元（Arithmetic and Logic Unit，ALU）。其主要功能是进行算术运算（如加、减、乘、除）和逻辑运算（如逻辑与、逻辑或、逻辑非等），以及其他操作（如取数、存数、移位等）。计算机中最主要的工作是运算，大量的数据运算任务是在运算器中进行的。运算器主要由一个加法器、若干个寄存器和一些控制线路组成。运算器的性能指标是衡量整个计算机性能的重要因素之一，与运算器相关的性能指标包括字长和速度。

2. 控制器

控制器是控制计算机各个部件协调一致、有条不紊工作的电子装置，也是计算机硬件系统的指挥中心。控制器的工作特点是采用程序控制方式，即在利用计算机解决某问题时，首先编写解决该问题的程序，通过编译程序自动生成由计算机指令组成的可执行程序并传送到内存储器，由控制器依次从内存储器取出指令、分析指令、向其他部件发出控制信号，指挥计算机各部件协同工作，使计算机能有条不紊地自动完成程序规定的任务。

运算器和控制器集成在一起被称为中央处理器（Central Processing Unit，CPU），在微型计算机中又称为微处理器，是计算机硬件的核心部件。

CPU 与内部存储器、主机板等构成计算机的主机。

3. 存储器

存储器可分为内部存储器与外部存储器。内部存储器通常称为内存；外部存储器通常称为硬盘。内存容量的大小反映了计算机处理数据量的能力，内存容量越大，计算机处理时与外部存储器（硬盘）交换数据的次数越少，处理速度越快。假如，CPU 就像一个总导演安排节目进行表演，内存相当于一个表演的舞台，硬盘相当于一个后台，舞台越大，所能安排同时表演的节目就越多，后台越大，所能容纳的等待演出的节目就越多。

（1）内部存储器。内部存储器设在主机内部，可以与 CPU 直接进行信息交换，又称为主存或内存。

1）随机存储器 RAM（Random Access Memory），又称可存取存储器。一般存放各种临时需要的信息和中间运算结果。断电会使内容丢失。

2）只读存储器 ROM（Read Only Memory），只能读不能写。系统停止供电的时候仍然可以保持数据，但速度比较慢，适合存储须长期保留的不变数据。

3）高速缓冲存储器（Cache），是一种介于 CPU 和内部存储器之间的高速小容量存储器。

（2）外部存储器。外部存储器用来存储大量的、暂时不处理的数据和程序。其存储容量大，速度慢，价格低，在停电时能永久地保存信息。常见的外部存储器包括硬盘、光盘、U 盘。

1）硬盘。硬盘是电脑主要的存储媒介之一，由一个或者多个铝制或者玻璃制的碟片组成。碟片外覆盖有铁磁性材料。

硬盘有固态硬盘（SSD 硬盘，有 sata 固态、m.2 固态、pci-e 固态，而 m.2 固态又有 nvme 的 m.2 和 sata 的 m.2），机械硬盘（HDD 传统硬盘内有 32 寸、64 寸的，还有 4 300 转和 7 200 转），混合硬盘（HHD，基于传统机械硬盘诞生出来的硬盘）。SSD 采用闪存颗粒来存储，HDD 采用磁性碟片来存储，HHD 是将磁性硬盘和闪存集成到一起的一种硬盘。绝大多数硬盘都是固定硬盘，被永久性地密封固定在硬盘驱动器中。

2）光盘。光盘是以光信息作为存储的载体，并用来存储数据的一种物品，分为不可擦写光盘，如 CD-ROM、DVD-ROM 等；可擦写光盘，如 CD-RW、DVD-RAM 等。

光盘是利用激光原理进行读、写的设备，是迅速发展的一种辅助存储器，可以存放各种文字、声音、图形、图像和动画等多媒体数字信息。

3）移动存储设备。常见的移动存储设备包括 U 盘和移动硬盘，它们的特点是可反复存取数据，在 Windows 等操作系统中可以即插即用。

U 盘采用一种可读写非易失的半导体存储器——闪速存储器（Flash Memory）作为存储媒介，通过通用串行总线接口（USB）与主机相连，用户可在 U 盘上很方便地读写、传送数据。U 盘体积小巧、质量轻、携带方便、可靠性高。目前的 U 盘，一般可擦写至少 100 万次以上，数据至少可保存 10 年，容量一般以 GB 为单位。

移动硬盘体积稍大，但携带仍算方便，而且容量比 U 盘更大，一般以 GB 和 TB 为存储单位，可以满足大量数据的存储和备份。

4．输入设备

输入设备的任务是将输入操作者提供的原始信息转换成电信号，并通过计算机的接口电路将这些信号顺序送入存储器中。常用的输入设备有键盘、鼠标、扫描仪等，如图 1-4 所示。

图 1-4　键盘、鼠标、扫描仪

5．输出设备

输出设备是将计算机的运算和处理结果以能为人们或其他机器所接受的形式输出。常用的输出设备有显示器、打印机、音箱等，如图 1-5 所示。

图 1-5　显示器、打印机、音箱

三　计算机软件系统

计算机软件系统包括系统软件和应用软件。

1．系统软件

系统软件是计算机系统中最靠近硬件一层的软件，其他软件一般都通过系统软件发挥作用。其与具体的应用领域无关，如编译程序和操作系统等。常见的系统软件有操作系统、程序设计语言及其语言处理程序、数据库管理系统等。

（1）操作系统。在计算机软件中最重要的就是操作系统。其是最底层的系统软件，是其他系统软件和应用软件在计算机上运行的基础，控制着所有计算机运行的程序并管理整个计算机的资源，是计算机裸机和应用程序及用户之间的桥梁。目前，最常用的操作系统有 DOS、Windows 7/8/10/Vista、UNIX、NetWare 等。

（2）程序设计语言。编写计算机程序所用的语言是人与计算机之间信息交换的工具，计算机解题的一般过程是：用户用计算机语言编写程序，输入计算机，然后由计算机将其翻译成机器语言，在计算机上运行后输出结果。程序设计语言的发展经历了三代——机器语言、汇编语言、高级语言。

（3）语言处理程序。计算机只能直接识别和执行机器语言，因此，要计算机上运行高级语言程序就必须配备程序语言翻译程序，翻译程序本身是一组程序，不同的高级语言都有相应的翻译程序。

（4）数据库管理系统。数据库管理系统是一种操纵和管理数据库的大型软件，用于建立、使用和维护数据库。其是计算机技术中发展最快的领域之一。

2．应用软件

应用软件是指用户利用计算机的软件、硬件资源为解决某一实际问题而开发的软件。应用软件是为满足用户不同领域、不同问题的应用需求而设计的软件。其可以拓宽计算机系统的应用领域，放大硬件的功能。应用软件也包括用户自己编写的用户程序。总之，应用软件是建立在系统软件的基础之上的，为人类的生产活动和社会活动提供服务的软件。

第四节　计算机语言

计算机语言按其和硬件接近的程度可以分为低级语言和高级语言两大类。

一　低级语言

低级语言包括机器语言和汇编语言。

1．机器语言

机器语言是指一台计算机全部的指令集合。电子计算机所使用的是由"0"和"1"组成的二进制数，二进制是计算机语言的基础。计算机发明之初，人们只能用计算机的语言去命令计算机干这干那，一句话，就是写出一串串由"0"和"1"组成的指令序列交由计算机执行，这种计算机能够认识的语言，就是机器语言。使用机器语言是十分痛苦的，特别是在程序有错需要修改时，更是如此。因此，程序就是一个个的二进制文件，一条机器语言成为一条指令，指令是不可分割的最小功能单元。而且，由于每台计算机的指令系统往往各不相同，所以，在一台计算机上执行的程序，要想在另一台计算机上执行，必须另编程序，造成了重复工作，但由于使用的是针对特定型号计算机的语言，故而运算效率是所有语言中最高的。机器语言，是第一代计算机语言。

2．汇编语言

为了减轻使用机器语言编程的痛苦，人们进行了一种有益的改进：用一些简洁的英文字母、符号串来替代一个特定的指令的二进制串，例如，用"ADD"代表加法，"MOV"代表数据传递等，这样，人们很容易读懂并理解程序在干什么，纠错及维护都变得方便了，这种程序设计语言就称为汇编语言，即第二代计算机语言。然而计算机是不认识这些符号的，这就需要一个专门的程序，负责将这些符号翻译成二进制数的机器语言，这种翻译程序被称为汇编程序。

汇编语言同样十分依赖于机器硬件，移植性不好，但效率仍十分高，针对计算机特定硬件而编制的汇编语言程序，能准确发挥计算机硬件的功能和特长，程序精炼而质量高，所以，至今仍是一种常用而强有力的软件开发工具。

汇编语言的实质和机器语言是相同的，都是直接对硬件操作，只不过指令采用了英文缩写的标识符，更容易识别和记忆。它同样需要编程者将每一步具体的操作用命令的形式写出来。

汇编程序的每一句指令只能对应实际操作过程中的一个很细微的动作，如移动、自增，因此，汇编源程序一般比较冗长、复杂、容易出错，而且使用汇编语言编程需要有更多的计算机专业知识，但汇编语言的优点也是显而易见的，用汇编语言所能完成的操作不是一般高级语言所能实现的，而且源程序经汇编生成的可执行文件不仅比较小，而且执行速度很快。

二 高级语言

高级语言有：BASIC（True basic、Qbasic、Virtual Basic）、C、C++、PASCAL、FORTRAN、智能化语言（LISP、Prolog、CLIPS、OpenCyc、Fazzy）、动态语言（Python、PHP、Ruby、Lua）等。高级语言源程序可以用解释、编译两种方式执行，通常使用后一种。

高级语言是绝大多数编程者的选择。与汇编语言相比，它不但将许多相关的机器指令合成为单条指令，并且去掉了与具体操作有关但与完成工作无关的细节，如使用堆栈、寄存器等，这样就大大简化了程序中的指令。由于省略了很多细节，所以编程者也不需要具备太多的专业知识。高级语言主要是相对于汇编语言而言，它并不是特指某一种具体的语言，而是包括了很多编程语言，流行的有 VB、VC、FoxPro、Delphi 等，这些语言的语法、命令格式都各不相同。

打字练习

1. 正确的击键方法
（1）掌握动作的准确性，击键力度要适中，节奏要均匀。
（2）必须严格遵守手指指法的规定，分工明确，各守岗位。
（3）开始就要严格要求自己，否则一旦养成错误打字的习惯，再想纠正就很困难了。
（4）每一手指上下两排的击键任务完成后，一定要习惯地回到基本键的位置。
（5）手指寻找键位，必须依靠手指和手腕的灵活运动，不能靠整个手臂的运动来找。
（6）击键不要过重，过重不仅对键盘寿命有影响，而且易疲劳。
（7）操作姿势要正确。
（8）主键盘上的数字训练最好在掌握字母键后再进行。
（9）数字小键盘的训练也是有必要的。

2. 正确的打字姿势
正确的打字姿势是：上臂和肘靠近身体，下臂和腕略向上倾斜，与键盘保持相同的斜度；手指微曲，轻轻放在与各手指相关的基准键位上，座位的高低应便于手指操作；双脚踏地。为使身体保持平衡，坐时应使身体躯干挺直微倾。

3. 基本键

键盘的八个基本键是：A、S、D、F（左手）；J、K、L（右手）；空格（双手拇指）。手指放在这些基准键位上，进行分工打字，这样可以提升打字速度。

4. 练习步骤

（1）左右手五指分工，将手指放在键盘上，每个手指都放在为其规定的基本键上。分别用手指击打以下键进行练习。注意手指击键后要迅速回位到基本键上。

1）左小指：[`]、[1]、[Q]、[A]、[Z]。

2）左无名指：[2]、[W]、[S]、[X]。

3）左中指：[3]、[E]、[D]、[C]。

4）左食指：[4]、[5]、[R]、[T]、[F]、[G]、[V]、[B]。

5）左、右拇指：空格键。

6）右食指：[6]、[7]、[Y]、[U]、[H]、[J]、[N]、[M]。

7）右中指：[8]、[I]、[K]、[,]。

8）右无名指：[9]、[O]、[L]、[.]。

9）右小指：[0]、[-]、[=]、[P]、[( ]、[ )]、[；]、[']、[/]、[\]。

（2）Enter 键在键盘的右边，使用右手小指按键。

（3）有些键具有两个字母或符号，如数字键常用来输入数字及其他特殊符号，用右手打特殊符号时，左手小指按住 Shift 键，若以左手打特殊符号，则用右手小指按住 Shift 键。

（4）熟练掌握一些指法练习要领。

1）面向计算机坐在椅子上时，腰要挺直，上身稍向前倾，千万不可弯腰驼背。两肩放松，与键盘的距离保持在 20 cm 左右。为了防止长时间工作的疲劳，选用合适的计算机桌椅也是必要的，最好选择带有靠背的柔软的椅子。

2）双脚的脚尖和脚跟自然垂落到地面上，无悬空，大腿自然平直，小腿与大腿之间的角度为近似 90°的直角。

3）椅子高度与计算机键盘的放置高度适中。显示器的高度则以操作者坐下后，其目光水平线处于显示屏幕的 2/3 处左右为佳。

4）打字或使用计算机的时候，眼睛不要离显示器太近。手要自然放松，并且手的上臂和前臂呈垂直的角度。

5）击键时，手指要垂直击键，而不是去压键，就像弹钢琴。击键时，用力的位置应该是指关节而不是手腕。手指击键要有弹性，击键后应该立即反弹，不要过久地停留在键位上。击键的动作应快捷、灵敏和果断。打字过程中，在击键时才可以伸出手指，击键后立即缩回到基准键上。

（5）正确完成 26 个英文字母的输入。在写字板中编辑文字时，每输完一行，按一下 Enter 键，可以换到下一行。

如输入有错，可按退格键（BackSpace 键）来删除。

5. 请练习输入以下文章

Some say that love's a little boy, And some say it's bird. Some say it makes the world go round, And some say that's absurd, And when I asked the man next-door, Who looked as if he knew, His wife got very cross indeed, And said it wouldn't do. Does it look a pair of pyjamas, Or the ham in a temperance hotel? Does its odor remind one of llamas, Or has it a comforting smell? Is it sharp or quite smooth at the edges? Oh tell me the truth about love. When it comes, will it come without warning Just as I'm picking my nose? Will its knock on my door in the morning, Or tread in the bus on my toes? Will it come like a change in the weather? Will it greeting be courteous or rough? Will it alter my life altogether? Oh tell me the truth about love.

本章小结

本章主要介绍了计算机的产生、发展、分类、应用、技术指标、信息、系统与语言等基础知识。

在人类文明发展的历史长河中，计算工具经历了从简单到复杂、从低级到高级的发展过程。计算机的发展历程也经过了电子管计算机、晶体管计算机、集成电路计算机、大规模集成电路计算机四代的发展。计算机是能够高速、精确、自动地进行科学计算和信息处理的现代电子设备，具有运算速度快、计算精度高、具有超强的记忆能力和可靠的逻辑判断能力、高度自动化又支持人机交互、通用性强、可靠性高的特点。一台计算机的性能是由多方面的指标决定的，不同计算机的侧重面不同，主要性能指标包括字长、主频、内存容量、存取周期、硬盘性能、外设配置、软件配置、运算速度。计算机中最终都要使用二进制数来表示信息，由于二进制使用起来不方便，人们经常使用十进制、八进制和十六进制。所谓编码，就是采用少量的基本符号（例如使用二进制的基本符号0和1），选用一定的组合原则，以表示各种类型的信息（如数值、文字、声音、图形和图像等）。为了使信息的表示、交换、存储或加工处理方便，在计算机系统中通常采用统一的编码方式。一个完整的计算机系统是由硬件系统和软件系统两部分组成。计算机语言按其和硬件接近的程度可以分为低级语言和高级语言两大类。

课后习题

单项选择题

1. 计算机中所有的数据都是用（　　）数来表示。
   A. 八进制　　　　B. 十六进制　　　　C. 二进制　　　　D. 十进制
2. 世界上第一台电子计算机诞生于（　　）年。
   A. 1945　　　　B. 1902　　　　C. 1946　　　　D. 1981
3. 在表示存储器的容量时，KB的准确含义是（　　）字节。
   A. 1000　　　　B. 1024　　　　C. 512　　　　D. 2048

4. 1KB=（　　）B（字节）。
   A. 1 000　　　　B. 1 024　　　　C. 1 048　　　　D. 1 096
5. 计算机系统由（　　）组成。
   A. 主机及外部设备　　　　　　　B. 硬件系统和软件系统
   C. 系统软件和应用软件　　　　　D. 主机、键盘、显示器和打印机
6. 断电会使（　　）中存储的数据丢失。
   A. RAM　　　　B. ROM　　　　C. 硬盘　　　　D. 软盘
7. CPU 由（　　）组成。
   A. 运算器和控制器　B. 运算器和存储器　C. 控制器和存储器　D. 存储器和微处理器
8. 一台计算机正常运行必须具有的软件是（　　）。
   A. 操作系统　　　B. 字处理软件　　　C. 数据库管理软件　　D. 打字练习软件
9. 下列设备中，属于输入设备的是（　　）。
   A. 显示器　　　　B. 绘图仪　　　　C. 键盘　　　　D. 打印机
10. 下列设备中，属于输出设备的是（　　）。
    A. 键盘　　　　B. 鼠标　　　　C. 扫描仪　　　　D. 显示器
11. 与十进制数 1023 等值的十六进制数为（　　）。
    A. 3FDH　　　　B. 3FFH　　　　C. 2FDH　　　　D. 3FFH
12. 某汉字的机内码是 B0A1H，它的国际码是（　　）。
    A. 3121H　　　　B. 3021H　　　　C. 2131H　　　　D. 2130H
13. 十进制数 2344 用二进制数表示是（　　）。
    A. 11100110101　　　　　　　　B. 100100101000
    C. 1100011111　　　　　　　　 D. 110101010101
14. 与十六进制数 26CE 等值的二进制数是（　　）。
    A. 011100110110010　　　　　　B. 0010011011011110
    C. 10011011001110　　　　　　 D. 1100111000100110
15. 下列 4 种不同数制表示的数中，数值最小的一个是（　　）。
    A. 八进制数 52　　　　　　　　B. 十进制数 44
    C. 十六进制数 2B　　　　　　　D. 二进制数 101001
16. 某汉字的区位码是 3721，它的国际码是（　　）。
    A. 5445H　　　　B. 4535H　　　　C. 6504H　　　　D. 3555H
17. 在微型计算机中，应用最普遍的字符编码是（　　）。
    A. ASCII 码　　　B. BCD 码　　　C. 汉字编码　　　D. 补码
18. 下列字符中，ASCII 码最大的是（　　）。
    A. STX　　　　B. 6　　　　C. T　　　　D. w
19. 执行二进制逻辑乘运算（即逻辑与运算）01011001∧10100111，其运算结果是（　　）。
    A. 00000000　　　B. 1111111　　　C. 00000001　　　D. 1111110
20. 执行二进制算术加运算 11001001+00100111，其运算结果是（　　）。
    A. 11101111　　　B. 11110000　　　C. 00000001　　　D. 10100010
21. 下列不是汉字输入码的是（　　）。
    A. 笔字型码　　　B. 全拼编码　　　C. 双拼编码　　　D. ASCII 码

第二章
Windows 7 操作系统

学习目标

通过本章的学习，了解操作系统的功能、分类，常用的微型机操作系统，Windows 7 的界面组成；掌握 Windows 7 操作系统的启动、退出，对应用程序、文件、磁盘、控制面板、打印机的管理。

能力目标

能熟练应用 Windows 7 操作系统管理应用程序、文件、磁盘、控制面板、打印机，并能进行个性化的桌面与窗口设置。

第一节 操作系统概述

一 操作系统的定义

操作系统（Operating System，OS）是一组控制和管理计算机的系统程序的集合，是用户和计算机之间的接口，专门用来管理计算机的软件、硬件资源，负责监视和控制计算机及程序处理的过程。

操作系统是裸机上的第一层软件，是对计算机硬件功能的首次扩展。操作系统将应用软件与机器硬件隔开，目的是让用户不需要了解硬件的工作原理就可以很方便地使用计算机。

操作系统是计算机中最基本、最重要的系统软件。其为用户提供了一个操作平台，用户通过操作系统来使用计算机系统的各类资源，提高整个系统的处理效率。

二 操作系统的功能

操作系统的功能强大，负责对软件、硬件进行控制与管理，主要有进程管理、存储管理、文件管理、设备管理和作业管理五大功能。

1. 进程管理

进程管理又称处理机管理，主要是对 CPU 进行动态管理，即如何将 CPU 分配给每个任务。由于 CPU 的工作速度比其他硬件要快得多，而且任何程序只有占用 CPU 才能运行，因此，CPU 是计算机系统中最重要、最宝贵、竞争最激烈的硬件资源。为了提高 CPU 的利用率，可以采用多道程序设计技术。当多道程序并发运行时，引入进程的概念，通过进程管理，协调多道程序之间的 CPU 分配调度、冲突处理及资源回收等。

2. 存储管理

内部存储器是 CPU 能够直接存取指令和数据的地方，是计算机系统的关键资源。只有被装入内存的程序才有可能去竞争 CPU。因此，有效地利用内存可保证多道程序设计技术的实现，从而保证了 CPU 的使用效率。存储管理就是为每个程序分配内存空间，以保证系统及各程序的存储区不互相冲突；当某个程序结束时，能及时收回它所占用的内存空间，以便再装入其他程序。

3．文件管理

文件管理是针对信息资源的管理。在现代计算机系统中，辅助存储设备（如硬盘）上保存着大量的文件，如果不能合理地管理文件，则会导致混乱。文件管理的主要任务是对用户文件和系统文件进行管理，实现按文件名存取，并以文件夹的形式实现分类管理；实现文件的共享、保护和保密，保证文件的安全；向用户提供一整套能够方便使用文件的操作和命令。

4．设备管理

设备管理是指对计算机外部硬件设备的管理，负责计算机系统中除CPU和内存外的其他硬件资源的管理，包括 I/O 设备的分配、启动、回收和调度。操作系统对设备的管理体现在两个方面：一方面，提供了用户和外部设备的接口，用户只需要通过键盘命令或程序向操作系统提出申请，由操作系统中设备管理程序实现外部设备的分配、启动、回收和故障处理，提供了一种统一调用外部设备的手段；另一方面，为了提高设备的效率和利用率，操作系统还采取了缓冲技术和虚拟设备技术，尽可能使外部设备与 CPU 并行工作，以解决快速 CPU 与慢速外部设备之间的矛盾。

5．作业管理

操作系统负责控制用户作业的调入、执行和结束的部分称为作业管理。作业管理又称为接口管理，包括任务管理、界面管理、人机交互、图形界面、语音控制和虚拟现实等。

作业管理的任务是为用户提供一个使用系统的良好环境，使用户能有效地组织自己的工作流程。用户要求计算机处理的某项工作称为一个作业，一个作业包括程序、数据以及解题的控制步骤。用户一方面使用作业管理提供的作业控制语言，来书写控制作业执行的操作说明书；另一方面使用作业管理提供的"命令语言"与计算机进行交互，请求系统服务。

操作系统的分类

操作系统的分类方法很多，按提供的功能可以分为以下 4 类。

1．批处理操作系统

用户把需要计算的问题、数据和作业说明书一起交给操作员，操作员启动有关程序将一批作业输入到计算机，由操作系统去控制、调度各作业的运行并输出结果。通常，采用这种批量化处理作业技术的操作系统称为批处理操作系统。批处理操作系统提高了系统的运行效率，但是将作业提交给系统后，对执行中可能出现的意外情况无法进行干预。

2. 分时操作系统

分时操作系统的主要特点是将 CPU 的时间划分成若干片，轮流接收和处理各个用户从终端输入的命令。如果用户的某个处理要求时间较长，分配的一个时间片还不够用，它只能暂停下来，等待下一次轮到时再继续运行。由于计算机运算的高速性能和并行工作的特点，使得每个用户感觉不到别人也在使用这台计算机，就好像自己独占了这台计算机。

3. 实时操作系统

实时是指对随机发生的外部事件作出及时的响应并对其处理。在设计实时操作系统时，首先考虑的是实时响应，其次才考虑资源的利用率。当计算机用于实时处理系统时，如工业生产中自动控制、导弹发射的控制等方面，称为实时控制。实时系统的特点是对外部的响应及时、迅速和系统可靠性高。

4. 网络操作系统

将地理位置不同、具有独立功能的多个计算机系统，通过通信设备和通信线路连接起来，在功能完善的网络系统软件的支持下，以实现更加广泛的硬件资源、软件资源的共享，这就是计算机网络。网络管理模块的主要功能是支持网络通信和提供各种网络服务。

四 常用的微型机操作系统

1. DOS 操作系统

DOS（Disk Operating System）是 Microsoft 公司研制的配置在 PC 上的单用户命令行界面的 16 位微机操作系统。其曾经广泛地应用在 PC 上，对于早期的计算机应用和普及起到了重要的作用。DOS 操作系统的特点是简单易学，硬件要求低，但界面不够友好，不支持大容量存储器。

2. Windows 操作系统

Windows 是基于图形用户界面的操作系统。1985 年年底，Windows 1.0 问世，此时 Windows 还是 DOS 系统下的一个应用程序，当时人们反应冷淡。经过了 Windows/386、Windows 3.X、Windows 95、Windows 98 和 Windows NT 4.0 的发展，Windows 已经成为一个独立的操作系统，而 DOS 则成了 Windows 操作系统的一个应用程序。2000 年后，Microsoft 公司相继推出了 Windows Me、Windows 2000、Windows XP、Windows Server 2003/2008 及 Windows Vista，开始采用了网络操作系统的内核。2009 年，Microsoft 公司推出了 Windows 7 操作系统。Windows 操作系统一经推出，就以其易用、快速、简单、安全等特性赢得了用户，并在兼容性上也做了很多的努力。2012 年 10 月，微软推出 Windows 8 系统。2015 年 7 月推出了 Windows 10 系统，其是微软研发的跨平台及设备应用的操作系统，是微软发布的最后一个独立 Windows 版本。目前，

Windows 操作系统已成为市场占有率最大、最流行的桌面操作系统。

3. UNIX 操作系统

UNIX 是一种发展较早的操作系统，一直占有网络操作系统市场较大的份额。UNIX 操作系统是个多用户、多任务的分时操作系统。UNIX 操作系统的优点是具有较好的可移植性，可运行于许多不同类型的计算机上，具有较好的可靠性和安全性，支持多任务、多处理、多用户的网络管理和应用。目前，UNIX 主要应用在高性能计算机和服务器中。

4. Linux 操作系统

Linux 操作系统实际上是从 Unix 操作系统发展而来的，与 UNIX 操作系统兼容，能够运行大多数的 Unix 工具软件、应用程序和网络协议。Linux 操作系统继承了 UNIX 操作系统以网络为核心的设计思想，是一个性能稳定的多用户网络操作系统。

Linux 是一种源代码开放的操作系统。用户可以通过 Internet 免费获取 Linux 操作系统及其源代码，然后进行修改，建立自己的 Linux 开发平台，进而开发 Linux 软件。Linux 对网络的支持功能非常强大，几乎目前网络上常见的网络软件和协议，Linux 都可以完整地实现，尤其在服务器方面表现更为出色。

5. Mac OS X 操作系统

Mac OS X 是运行在 Apple 公司的 Macintosh 系列计算机上的操作系统。Mac OS X 操作系统的优点是具有较强的图形处理能力，广泛用于桌面出版和多媒体应用等领域；缺点是与 Windows 缺乏较好的兼容性，影响了它的普及。

第二节 Windows 7 的基本操作

Windows 7 简介

Windows 7 是由微软公司（Microsoft）推出的操作系统，核心版本号为 Windows NT 6.1。Windows 7 可供家庭及商业工作环境的笔记本电脑、平板电脑、多媒体中心等使用。2009 年 7 月 14 日，Windows 7RTM（Build 7600.16385）正式上线，2009 年 10 月 22 日，微软正式发布 Windows 7，同时也发布了服务器版本——Windows Server 2008 R2。2011 年 2 月 23 日，微软正式发布了 Windows 7 升级补丁——Windows 7 SP1（Build7601.17514.101119-1850），另外，还包括 Windows Server 2008 R2 SP1 升级补丁，如图 2-1 所示。

图 2-1　Windows 7 系统

在 Windows 7 中，做出了数百种小改进和一些大改进。这些改进带来了一系列优点：更少的等待、更少的点击、连接设备时更少的麻烦、更低的功耗和更低的整体复杂性。Windows 7 特色如下：

（1）易用。Windows 7 做了许多方便的设计，如快速最大化、窗口半屏显示、跳转列表（Jump List）、系统故障快速修复等。

（2）快速。Windows 7 大幅缩减了 Windows 的启动时间。

（3）简单。Windows 7 让搜索和使用信息更加简单，包括本地、网络和互联网搜索功能。

(4)安全。Windows 7 包括改进了的安全功能,将数据保护和管理扩展到外围设备。

(5)特效。Windows 7 的 Aero 效果华丽,有碰撞效果,水滴效果,还有丰富的桌面小工具。

(6)小工具。Windows 7 的小工具更加丰富,小工具可以放在桌面的任何位置。

Windows 7 为了满足各个方面不同的需要,推出了多个版本,分别是家庭普通版(Home Basic)、家庭高级版(Home Premium)、专业版(Professional)、旗舰版(Ultimate)。各个版本的特点如图 2-2 所示,在实际中可以根据需要进行选择。

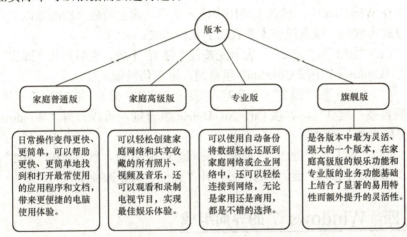

图 2-2　Windows 7 系列产品

 Windows 7 的启动

启动计算机后,进入用户登录界面,如图 2-3 所示。输入密码后,就可以进入 Windows 7 操作系统。

如果 Windows 7 系统只有一个账户且没有设置密码时,系统将跳过以上登录界面。

图 2-3　Windows 7 登录界面

 鼠标和键盘操作

在 Windows 环境下,用户经常要与系统进行信息交流,以便完成各种任务。在这些操作过程中既可以使用鼠标也可以使用键盘。鼠标适用于在 Windows 中对窗口、图标及菜单等对象的操作,其使用简单、方便和快捷;而键盘适用于文字的录入,但也可以取代鼠标完成相应的命令操作。

1. 鼠标的基本操作

（1）单击：用鼠标光标指向某操作对象，然后快速按一下鼠标左键。

（2）双击：用鼠标光标指向某操作对象，然后快速地连续按两下鼠标左键。

（3）拖动：用鼠标光标指向某操作对象，然后按住鼠标左键并移动鼠标，当到达合适位置时，放开鼠标左键。

（4）右击：用鼠标光标指向某操作对象，然后按一下鼠标右键。

在 Windows 7 系统中执行的命令不同、鼠标光标所处的位置不同，鼠标光标外形也会发生变化，以便用户更容易辨别当前所处的状态。

2. 键盘操作

在 Windows 中，键盘主要用来输入文字，而它的命令功能是以组合键方式实现的。键盘操作主要有以下几种形式：

（1）"键1"+"键2"。表示先按住"键1"不放，然后再按"键2"。如在 Windows 7 中按 Ctrl+Shift 组合键，可以切换输入法。

（2）"键1"+"键2"+"键3"。表示先按住"键1"和"键2"不放，然后再按"键3"。如按 Ctrl+Alt+Delete 组合键，可以打开"Windows 任务管理器"对话框。

（3）"键1"，"键2"。表示先按"键1"松开后，然后再按"键2"。如在 Word 中按 Alt 键，F 键，可打开"文件"命令选项卡。

四 Windows 7 的界面组成

1. 桌面

Windows 7 的界面非常友善，通过增强的 Windows 任务栏、开始菜单和 Windows 资源管理器，可以使用少量的鼠标操作来完成更多的任务。

启动 Windows 7 后，首先看到的是桌面，如图 2-4 所示。Windows 7 的桌面由屏幕背景、图标、开始菜单和任务栏等组成。Windows 7 的所有操作都可以从桌面开始。桌面就像办公桌一样非常直观，是运行各类应用程序、对系统进行各种管理的屏幕区域。在桌面上可以看到图标、开始菜单与任务栏。

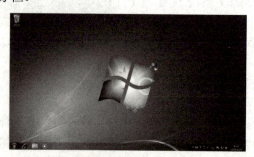

图 2-4　Windows 7 桌面

2. 桌面图标

图标是代表 Windows 7 各个应用程序对象的图形。双击应用程序图标可以启动一个应用程序，打开一个应用程序窗口。还可以把一些常用的应用程序和文件夹对应的图标添加到桌面上。

添加桌面图标

在桌面空白处单击鼠标右键，弹出如图 2-5 所示的快捷菜单，选择"个性化"命令，弹出个性化设置窗口，如图 2-6 所示。在窗口中选择"更改桌面图标"，弹出"桌面图标设置"对话框，勾选"计算机""用户的文件""网络""回收站""控制面板"，如图 2-7 所示，即可将这些图标添加到桌面，如图 2-8 所示。

图 2-5 快捷菜单

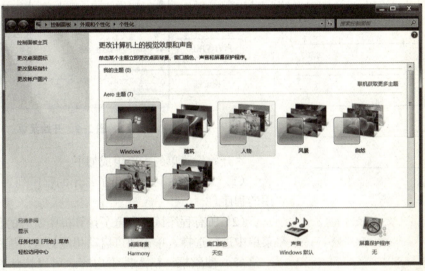

图 2-6 个性化设置窗口

图 2-7 "桌面图标设置"对话框

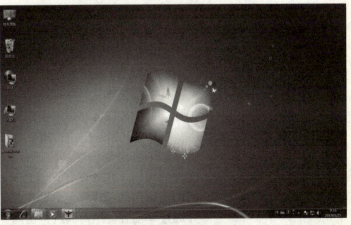

图 2-8 添加桌面图标

3. "开始"菜单

利用"开始"菜单可以运行程序、打开文档和执行设置等，通过它可以完成 Windows 7 操作系统所有的工作，是系统的调度中心，简化了用户的操作，如图 2-9 所示。

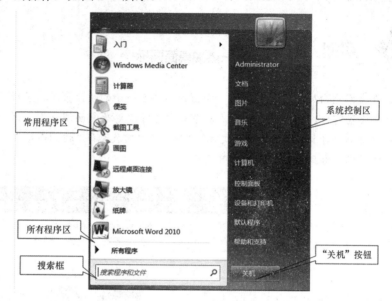

图 2-9 开始菜单

"开始"菜单的主要组成如下：

（1）常用程序区：列出了常用的程序列表，通过它可以快速启动常用的程序。

（2）所有程序区：集合了计算机中所有的程序，用户可以从"程序"菜单中进行选择，单击即可启动相应的应用程序。

（3）搜索框：输入搜索内容，可以快速在计算机中查找文件夹和文件。

（4）系统控制区：列出了"开始"菜单中最常用的选项，单击可以快速打开相应的窗口。

（5）"关机"按钮：单击该按钮可以直接实现关机；或者通过右侧的三角形标记实现切换用户、注销、锁定、重新启动和睡眠等功能。

4. 任务栏

任务栏是默认位于屏幕底部的条形框，包括"开始"按钮、任务切换栏、通知区域、"显示桌面"按钮四部分，如图 2-4 所示。

（1）"开始"按钮：用于打开"开始"菜单。

（2）任务切换栏：位于任务栏的中间部分，显示已打开的程序和文件的按钮，并可以在它们之间进行快速切换，并可将程序锁定到任务栏。将常用的程序锁定到任务栏后，可以始终在任务栏看到这些按钮，并通过单击方便地对其进行访问。

（3）通知区域：用于对指定对象的指示或快速设置。系统配置不同，指示个数和内容会有所不同，一般包括音量、时间、输入法及网络连接等状态指示。

（4）"显示桌面"按钮：单击任务栏最右边的长方形空白框，即可将桌面上所有打开的窗口最小化为任务栏上的图标按钮，显示桌面。

五、Windows 7 的窗口

在 Windows 7 中，窗口一般可分为系统窗口和程序窗口。二者在功能上虽有差别，但组成部分基本相同。现以"资源管理器"窗口为例进行简单介绍，如图 2-10 所示。

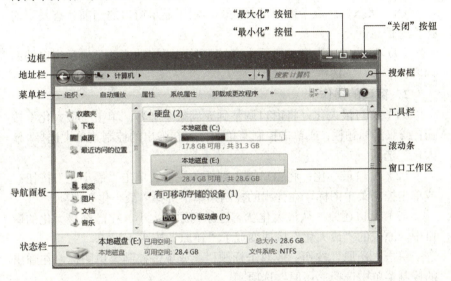

图 2-10 "资源管理器"窗口

1．窗口的主要组成元素

（1）边框：边框是指围住窗口的 4 条边，用鼠标拖动边框，可放大或缩小窗口。

（2）"最大化""最小化"和"关闭"按钮：位于标题栏的右端，用于改变窗口的状态。

（3）菜单栏：包含对本窗口进行操作的命令，以及对正在运行的应用程序或打开的文档进行操作的命令。在菜单栏方面，Windows 7 的组织方式发生了很大的变化或者说是简化，一些功能被直接作为顶级菜单而置于菜单栏上，如刻录功能、新建文件夹功能。

（4）工具栏：Windows 7 不再显示单独的工具栏，一些有必要保留的按钮则与菜单栏放在同一行中。如视图模式的设置，单击按钮后即可打开调节菜单，在多种模式之间进行调整，包括 Windows 7 特色的大图标、超大图标等模式。

（5）窗口工作区：窗口的内部区域，用于显示窗口内容。

（6）搜索框：搜索框与"开始"菜单中的搜索框在使用上相同，都具有在计算机中搜索文件和程序的功能。

（7）导航面板：在这个面板中，整个计算机的资源被划分为收藏夹、库、家庭网组、计算机和网络五大类，可以更好地组织、管理及应用资源。

1）收藏夹：在收藏夹下"最近访问的位置"中可以查看到最近打开过的文件和系统功能，方便再次使用。

2）网络：在网络中，可以直接在此快速组织和访问网络资源。

3）库：它将各个不同位置的文件资源组织在一个个虚拟的"仓库"中，这样集中在一起的各类资源自然可以极大地提高使用效率。

（8）状态栏：位于窗口的最底部，用于显示窗口的当前状态及当前操作等信息。

（9）滚动条：当窗口显示内容较多时，可拖动滚动条显示窗口外的内容。

2．窗口的操作

（1）窗口最大化：将窗口调整到充满整个屏幕。单击"最大化"按钮；或双击标题栏；或单击控制菜单图标，在弹出的控制菜单中选择"最大化"选项。

（2）窗口最小化：将窗口缩小到任务栏上。单击"最小化"按钮；或单击控制菜单图标，在弹出的控制菜单中选择"最小化"选项。

（3）窗口还原：从最大化状态还原到原来大小。在已经最大化的窗口中，原来的"最大化"按钮变成了"还原"按钮。

单击"还原"按钮；或双击标题栏；或单击控制菜单图标，在弹出的控制菜单中选择"还原"选项。

（4）窗口关闭。单击"关闭"按钮；或单击控制菜单图标，在弹出的控制菜单中选择"关闭"选项；或在菜单栏中选择"文件"→"关闭"选项；或按 Alt + F4 键。

（5）改变窗口大小。将鼠标指针指向窗口的某一边框或角框上，当指针变成一个双向箭头时，按下鼠标左键拖动，窗口的大小随着鼠标拖动而改变，当窗口尺寸满足要求时，松开按键。

（6）窗口移动。将指针指向窗口的标题栏，按下鼠标左键拖动，窗口随着鼠标的拖动移动，直到窗口位置合适时，松开按键。

六 Windows 7 的联机帮助

在 Windows 7 中，系统为用户提供了帮助学习使用 Windows 7 的完整资源，它包括各种实践建议、教程和演示。用户可使用搜索特性、索引或目录查看所有 Windows 的帮助资源，甚至包括 Internet 上的资源。使用帮助的具体操作如下：

（1）单击"开始"菜单的"帮助和支持"命令，如图 2-9 所示。打开"Windows 帮助和支持"窗口，如图 2-11 所示。

图 2-11 "Windows 帮助和支持"窗口

（2）单击不同的主题或按钮，可以获得帮助信息。
（3）使用搜索、索引，可以广泛访问各种联机系统。通过它，可以向联机微软支持技术人员寻求帮助。

Windows 7 的退出

在 Windows 7 操作系统中可能运行了很多程序，其占用了大量的磁盘空间保存临时文件，为使系统退出前保存必要的信息，释放临时文件所占的磁盘空间，以保证能够再次正常启动，应该采用正确的退出方式。退出之前，用户应关闭所有正在执行的程序。如果没有关闭，则在退出时系统会询问是否要保存文件、结束有关程序的运行。

退出 Windows 7 的操作步骤如下：
（1）单击"开始"菜单，选择"关机"命令。
（2）或者在"开始"菜单中，单击"关机"右侧三角按钮，选择"切换用户""注销""锁定""重新启动""睡眠"等命令。

第三节　Windows 7 对程序的管理

Windows 7 是一个多任务的操作系统，用户可以同时启动多个应用程序，打开多个窗口。但这些窗口中只有一个是活动窗口，它在前台运行，而其他程序都在后台运行。

 启动应用程序

Windows 7 提供了多种启动应用程序的方法，下面只简单介绍常用的几种方法。

1. 从"开始"菜单启动程序

单击"开始"菜单→"所有程序"命令，在菜单中选择要启动的应用程序，单击即可打开。

2. 从桌面启动程序

在 Windows 7 的桌面上，有许多可执行的应用程序图标，双击某个应用程序图标即可启动该应用程序。

3. 使用"资源管理器"启动程序

在"开始"菜单处单击鼠标右键，在弹出的快捷菜单中选择"打开 Windows 资源管理器"命令，如图 2-12 所示，打开"资源管理器"窗口。在资源管理器中双击所要运行程序的文件名，即可运行该程序。

图 2-12　资源管理器快捷菜单

 切换应用程序窗口

在 Windows 7 下可以同时运行多个程序，每个程序都有自己单独的窗口，可以单独地退出某一程序，或在多个程序之间互相切换。切换应用程序窗口的具体方法有以下三种：

（1）在任务栏上单击相应的程序按钮即可切换到该应用程序窗口。

（2）按住 Alt 键不放，反复按 Tab 键，即可在切换程序窗口中选择应用程序图标，如图 2-13 所示。选中所要切换到的应用程序图标后，松开 Alt+Tab 组合键，此应用程序即被激活。

图 2-13　切换程序窗口

（3）按住 Alt 键不放，反复按 Esc 键，也可实现应用程序之间的切换。

 排列应用程序窗口

当桌面上有多个打开的窗口时，可以使窗口以层叠、堆叠和并排方式显示，具体操作：在任务栏空白处单击鼠标右键，在弹出的快捷菜单中选择"层叠窗口""堆叠显示窗口"或"并排显示窗口"命令，如图 2-14 所示。

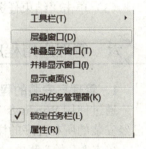

图 2-14　排列应用程序方式

四　**退出程序**

Windows 7 提供了多种退出当前应用程序的方法，基本的退出方法有以下几种：

（1）单击程序窗口右上角的"关闭"按钮  。

（2）选择"文件"菜单下的"退出"命令。

（3）按 Alt+F4 组合键。

（4）在任务栏应用程序上单击鼠标右键，在弹出的快捷菜单中选择"关闭窗口"命令。

 使用 Windows 任务管理器强制结束任务

在使用计算时，有时会遇到应用程序卡死的情况。应对此问题，可以使用任务管理器将其强制关闭，然后再重新打开。使用 Windows 任务管理器强制结束程序，如果数据没有保存，将会丢失没有保存的数据。具体操作步骤如下：

（1）按 Ctrl+Alt+Delete 组合键或者在任务栏空白处单击鼠标右键，选择"启动任务管理器"命令，弹出"Windows 任务管理器"窗口，如图 2-15 所示。

图 2-15　Windows 任务管理器

（2）在"应用程序"选项卡中选择"任务"列表栏中要结束任务的应用程序名。

（3）单击"结束任务"按钮，即可将所选程序强制结束。

管理应用程序

1. 管理已安装的程序

通过使用 Windows 7 自带的应用程序管理器，不仅可以看到系统中已经安装的所有程序的详细信息，还可以管理、修改或卸载这些程序。

单击"开始"菜单，选择"控制面板"命令，打开"控制面板"窗口，如图 2-16 所示。单击"程序"命令，然后再选择"程序和功能"命令，就可以打开 Windows 7 的应用程序管理器窗口，如图 2-17 所示。通过该窗口可以查看和管理系统中已经安装的程序。在这里也可以对安装的程序进行卸载、修复和更新等操作。

图 2-16　"控制面板"窗口

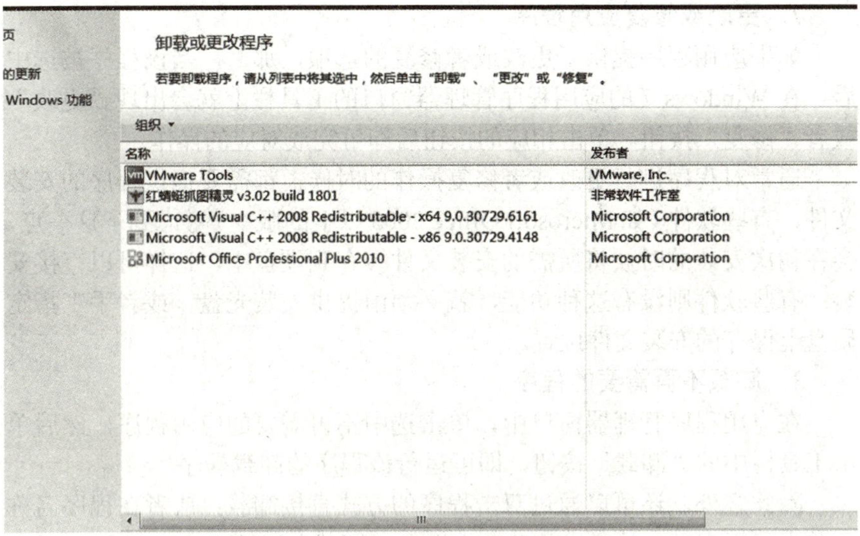

图 2-17 卸载或更改程序

默认情况下，应用程序管理器将会以"详细信息"的形式显示所有安装的程序。除显示程序的名称外，还会同时显示程序的发行商名称，以及安装时间和程序大小这几个信息。如果还希望显示安装程序的其他信息，也可以方便地添加。例如，如果希望显示安装程序的"上一次使用日期"这个信息，可以在"名称"栏（或"发布者"栏等）上右击鼠标，在弹出的对话框中单击"其他"选项，在"选择详细信息"对话框中勾选"上一次使用日期"复选框，单击"确认"按钮，就会出现"上一次使用日期"这一列信息。

应用程序管理器除可以选择希望看到的属性外，还可以选择按照什么方式排列这些程序。例如，如果希望让所有程序按照使用日期来排列，并且最近使用过的排列在最前面，只需要单击"上一次使用日期"这一列的名称就可以了。

应用程序管理器不仅可以按照一定顺序排列，还可以对所有程序按照一定规律进行筛选。如现在硬盘空间告急，想要卸载所有占用磁盘空间比较多的软件。可以将鼠标指针放在"大小"一列的名称上，待右侧出现一个带有下三角箭头的按钮后，单击这个按钮，系统就会自动弹出一个下拉菜单，如图 2-18 所示，只要按照需要，选择所需的选项即可。

图 2-18 对文件大小进行筛选

2. 更改或修复应用程序

如果应用程序提供了更改或者修复的选项，那么，当该程序被选中后，在 Windows 7 的应用程序管理器窗口的工具栏上就会出现"更改"或者"修复"按钮。单击相应的按钮后即可完成对应的操作。

通常对程序进行更改或者修复操作的时候，都需要提供程序的安装文件，有些软件（如 Microsoft Office 2003 以上的版本）考虑到了这一点，会在初次安装的时候将所需的安装文件缓存到硬盘中，这样可以直接安装；有些软件则没有这种功能，就必须由提供安装光盘，或者手工指定硬盘上保存的安装文件位置。

3. 卸载不再需要的程序

在应用程序管理器窗口中，单击选中不再需要的应用程序，然后单击工具栏中的"卸载"按钮，即可运行该程序的卸载程序。

除此之外，还可以通过双击程序的方式直接卸载；或者在程序名称上单击鼠标右键，从弹出的菜单中选择"卸载"选项。

如果同时有两个甚至更多账户登录，但其他账户都属于非活动状态，这时若要在处于活动状态的账户下卸载应用程序，Windows 7 将会给出提醒，因此，为了安全起见，在打算卸载其他程序时，如果还有其他账户登录到系统，最好先将其他非活动账户完全注销。

大部分程序在卸载后依然会在系统中留下一些记录，其中有些是设计人员的疏忽所导致的，有些则是有意的。例如，由应用程序创建的数据文件通常不会在程序卸载的时候删除，同时会保留的可能还有程序的自定义设置。

只有使用和 Windows 兼容的安装程序安装的软件才可以通过这种方法安全卸载。有些程序是可以不用安装直接使用的（一般称为绿色软件），此类程序在不需要的时候只要手工删除所有相关文件即可，不需要特意卸载。

4. 管理已安装的系统更新

在应用程序管理器窗口中，单击窗口左侧任务列表中显示的"查看已安装的更新"链接，可以打开已安装更新管理器。这里列出了通过 Windows Update 网站安装的所有更新程序。

在这里也可以用不同视图查看更新，或者对更新进行筛选和排序。选中可以卸载的更新后，通过单击工具栏上的"卸载"按钮可以将其卸载。

由于更新程序的特殊性，有些更新在安装好之后是无法卸载的。而且除非确认某个更新卸载后不会导致严重的系统问题，否则不建议卸载已经安装的更新，因为这样做会导致系统变得不安全或者不稳定。

第四节　Windows 7 对文件的管理

第四节　Windows 7 对文件的管理

　Windows 7 的资源管理器

Windows 7 中的"Windows 资源管理器"提供了查看文件和文件夹的新方法，例如，可以根据作者、标题、修改日期、标记、类型或其他标签或属性排列文档。还可以定制个性化视图，以便用最适合的方式查看和组织文件，而这些文件的实际存放位置可以在不同的目录里面。导航面板可帮助查找和组织各处的文件，并且简化移动或复制文件等常用的操作，从而避免混乱并更好地利用空间。与此同时，Windows 7 文件预览功能还可以帮助在打开文件之前，对文件进行预览。

　文件和文件夹的操作

文件（file）是存储在辅助存储器中的一组相关信息的集合，它可以是存放的程序、文档、图片、声音或视频信息等。为了便于对文件管理，系统允许用户给文件设置或取消有关的文件属性，如只读属性、隐藏属性、存档属性、系统属性。

目录（directory）是一种特殊的文件，用以存放普通文件或其他的目录。磁盘格式化时，系统自动地为其创建一个目录（称为根目录）。用户可以根据需要在根目录中创建低一级的目录（称为子目录或子文件夹），子目录中还可以再创建下一级的子目录，从而形成树形目录结构，目录也可以设置相应的属性。

路径（path）是从盘符经过各级子目录到文件的目录序列。由于文件可以在不同的磁盘、不同的目录中，所以在存取文件时，必须指定文件的存放位置。

在"Windows 资源管理器"中集中对文件或文件夹进行管理，可以方便地对文件或文件夹进行打开、复制、删除和移动等各种操作，在"Windows 资源管理器"中可以选择以下两种方式对文件进行上述操作：

读书笔记

第一种方式：鼠标右键单击所选择的文件或文件夹，在弹出的菜单中选择希望进行的操作，如图 2-19 所示。对于复制和移动，还需要将鼠标移动到目标位置，再次单击鼠标右键，在弹出的菜单中选择"粘贴"。

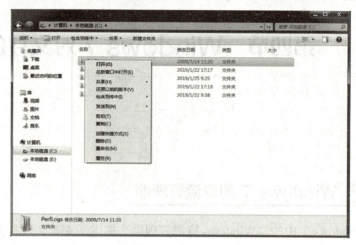

图 2-19　利用右键处理文件操作

第二种方式：选择文件或文件夹后，单击窗口左上方的菜单栏上的"组织"菜单项，在下拉菜单中选择相应的操作项，如图 2-20 所示。

图 2-20　利用菜单项处理文件操作

实训

文件夹操作

实训内容：
1. 在 E 盘创建"喜欢的歌"文件夹。
2. 在"喜欢的歌"文件夹中新建"古典音乐""流行音乐"文件夹。

3. 在"喜欢的歌"中创建 Word 文档，命名为"歌词"。

4. 将"库"中的"示例音乐"中的文件复制到"流行音乐"文件夹。

5. 删除"流行音乐"文件夹中的"Sleep Away"文件。

实训步骤：

（1）在"开始"菜单上单击鼠标右键，选择"打开 Windows 资源管理器"命令，打开资源管理器。

（2）在资源管理器中单击"计算机"，再双击"E"盘，在窗口工作区单击鼠标右键，选择"新建"→"文件夹"命令，如图 2-21 所示。

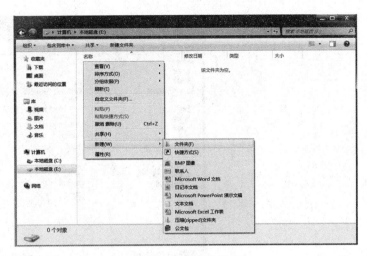

图 2-21　新建文件夹

（3）将文件夹命名为"喜欢的歌"。双击"喜欢的歌"文件夹，进入该文件夹。用同样的方法创建文件夹"古典音乐"和"流行音乐"。

（4）在"喜欢的歌"文件夹中空白处单击鼠标右键，选择"新建"→"Microsoft Word 文档"命令，创建 Word 文档，并命名为"歌词"，如图 2-22 所示。

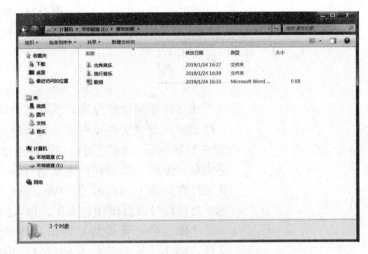

图 2-22　创建文件夹和 Word 文档

（4）单击"库"，双击"音乐"→"示例音乐"，拖动鼠标框选"示例音乐"文件夹中的所有文件，单击鼠标右键，选择"复制"命令，如图 2-23 所示。

（5）单击"计算机"，双击"E"盘→"喜欢的歌"→"流行音乐"，进入"流行音乐"文件夹，在空白处单击鼠标右键，选择"粘贴"命令，即将"示例音乐"文件夹中的文件复制到"流行音乐"文件夹中。

（6）选择"Sleep Away"文件，单击鼠标右键，选择"删除"命令，即可删除该文件，如图 2-24 所示。

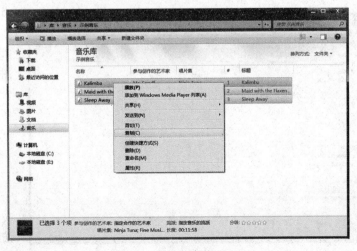

图 2-23　复制文件

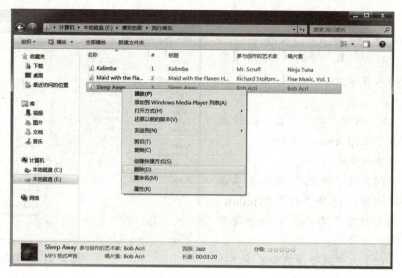

图 2-24 删除文件

三 库

如果在不同硬盘分区、不同文件夹，多台电脑或设备中分别存储了一些文件，寻找文件及有效地管理这些文件将是一件非常困难的事情。如图 2-25 所示，"库"可以帮助解决这一难题。在 Windows 7 中，"库"是浏览、组织、管理和搜索具备共同特性的文件的一种方式——即使这些文件存储在不同的地方。Windows 7 不仅能够自动地为文档、音乐、图片及视频等项目创建"库"，也可以轻松地创建自己的"库"。

"库"的一大优势是可以有效地组织、管理位于不同文件夹中的文件，而不受文件实际存储位置所影响。无须将分散于不同位置、不同分区，甚至是家庭网络的不同电脑中的文件拷贝到同一文件夹中。

图 2-25 文档库

由于查找文件因为"库"的管理而变得更简单，因此"库"可以帮助避免保存同一文件的多个副本。只需要右键单击某个文件夹，选择"包含到库中"，就可以为该文件夹选择加入某个已有的"库"中或为其创建一个新的"库"。

Windows 7 中通过"库"可以更方便地组织、管理与查看各类文件位于不同分区、不同文件夹的同一类文件，可以通过一个库进行便捷地访问。

四 搜索功能

当用户计算机上存放的文件和文件夹较多时，要直接找到某一个或某一类文件和文件夹，会非常困难，可以使用搜索功能来查找。

可以使用"开始"菜单搜索文件或文件夹。方法是：单击"开始"按钮，在"搜索程序和文件"文本框中输入搜索内容即可。

在"资源管理器"右上角搜索框中输入搜索内容，也可以实现在打开的驱动器或者文件夹中实现搜索。

如果记不清完整的文件名，可以使用"？"通配符代替文件名中的一个字符，或使用"*"通配符代替文件名中的任意一个或多个字符。也可以在"文件中的一个字或词组"文本框中输入待搜索文件中存在的部分内容、关键词进行查找。

五 预览功能

Windows 7 系统中添加了很多预览效果，不仅仅是预览图片，还可以预览文本、Word 文件、字体文件等，这些预览效果可以方便快速了解其内容，如图 2-26 所示。按下键盘快捷键 Alt+P 或者单击菜单栏的"显示预览窗格"按钮，即可显示预览窗口。

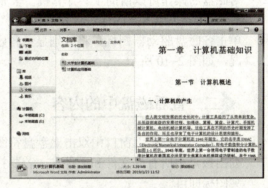

图 2-26　预览功能

六 查看并设置文件的属性

在 Windows 7 中，文件和文件夹都有各自的属性，根据用户需要可以设置或修改文件或文件夹的属性。了解文件或文件夹的属性，有利于对它进行操作。

选中文件或文件夹，单击鼠标右键，在弹出的快捷菜单中选择"属性"命令，打开"属性"对话框，如图 2-27 所示。

文件或文件夹的属性有：文件或文件夹的名称，文件类型，打开方式，位置，大小，文件夹中所包含的文件和子文件夹的数量，占用空间，创建时间、修改或访问文件的时间，"只读""隐藏"属性等。

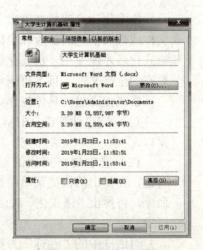

图 2-27　属性对话框

第五节　Windows 7 对磁盘的管理

一　查看磁盘空间

在使用计算机过程中，掌握计算机的磁盘空间信息是非常必要的。对磁盘的操作可以借助于"计算机"来完成。

双击"计算机"图标，打开"计算机"窗口（或"资源管理器"窗口）。单击各磁盘驱动器图标，将分别显示各磁盘驱动器的存储空间及使用情况，如图 2-10 所示。

二　查看磁盘中的内容

在"计算机"窗口中双击磁盘盘符图标，打开该磁盘窗口。窗口中列出该盘中所有的文件和文件夹，若要打开某文件夹，只须双击该文件夹图标即可。

三　格式化磁盘

格式化磁盘就是在磁盘上建立可以存放文件或数据信息的磁道和扇区。新磁盘经过格式化后才能使用。格式化磁盘会删除盘中原有的全部文件，且不可恢复。

格式化磁盘的具体操作如下：

（1）双击"计算机"图标，打开"计算机"窗口。

（2）选中要格式化的磁盘，单击鼠标右键，在弹出的快捷菜单中选择"格式化"命令，将弹出"格式化"对话框，如图 2-28 所示。

对话框中的"卷标"为执行格式化的磁

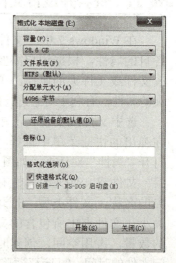

图 2-28　"格式化"对话框

盘命名或改变原来的名称。

若勾选"快速格式化"复选框,表示将删除盘上所有内容,但不检测坏的扇区。只有磁盘在此之前曾格式化过,此选择才起作用。

(3)设置完毕后,单击"开始"按钮,系统开始对磁盘进行格式化。此时,对话框底部的格式化状态栏会显示格式化的过程。完成格式化后,单击"关闭"按钮退出格式化程序。

四 磁盘碎片整理

计算机经过一段时间的使用,会在磁盘上产生许多碎片文件,影响计算机运行的效率和速度,因此,必须定期进行磁盘碎片整理。

磁盘碎片整理的具体操作如下:

(1)单击"开始"菜单,选择"所有程序"→"附件"→"系统工具"→"磁盘碎片整理程序"命令,打开"磁盘碎片整理程序"对话框,如图2-29所示。

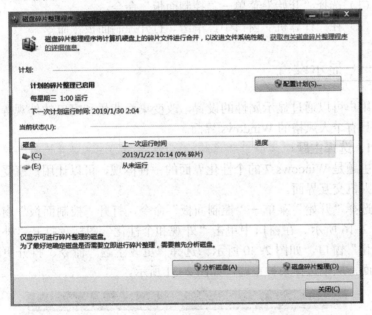

图 2-29 "磁盘碎片整理程序"对话框

(2)选中磁盘,单击"磁盘碎片整理"按钮,进行磁盘碎片整理。

第六节　Windows 7 的控制面板

读书笔记

控制面板是 Windows 系统中重要的设置工具之一，集中了计算机的所有相关设置，方便查看和设置系统状态。

启动控制面板的方法很多，下面介绍常用的两种方法，具体如下：

（1）选择"开始"菜单→"控制面板"命令。

（2）在"计算机"窗口中，单击"打开控制面板"命令。

 显示设置

用户可以通过显示属性的设置，改变桌面背景和窗口的外观等，建立起具有个人风格的 Windows 界面。

1．选择主题

主题是 Windows 7 的个性化界面的一种体现，可以让用户享受更丰富的人机交互界面。

选择"开始"菜单→"控制面板"命令，打开"控制面板"窗口，如图 2-16 所示。在窗口中单击"外观和个性化"图标，打开"外观和个性化"窗口，如图 2-30 所示。选择"更改主题"命令，打开更改主题页面，从中选择某种主题，如图 2-31 所示。

图 2-30　"外观和个性化"窗口

图 2-31 选择主题

2．设置桌面背景

在图 2-30 所示的窗口中选择"更改桌面背景"命令，打开更改桌面背景页面，如图 2-32 所示，从中选择所需的背景；也可以单击"浏览"按钮，选择图片文件。

图 2-32 更改桌面背景

在"图片位置"下拉列表框中，有以下几种显示方式：
（1）填充：可以按照屏幕分辨率从图片中截取部分内容，全屏显示。
（2）适应：使图片适合屏幕大小。
（3）拉伸：图片拉伸到整个屏幕。
（4）平铺：图片以原文件尺寸铺满屏幕。
（5）居中：图片以原文件尺寸显示在屏幕的中间。
选择完毕后，单击"保存修改"按钮即可。

第二章　Windows 7 操作系统

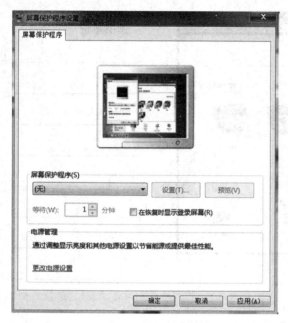

图 2-33　"屏幕保护程序设置"对话框

3．设置屏幕保护

在 Windows 7 中，如果在一段时间内没有按键输入，也没有移动鼠标，那么屏幕保护程序将在屏幕上显示不断变化的图形或图片。

设置屏幕保护的具体操作如下：

（1）在图 2-30 所示的窗口中选择"更改屏幕保护程序"命令，弹出"屏幕保护程序设置"对话框，如图 2-33 所示。

（2）在"屏幕保护程序"下拉列表框中可以选择不同的屏幕保护图案，并可以单击"预览"按钮进行效果预览。

（3）修改"等待"文本框中的数字，可设置允许屏幕保护程序的闲置时间。

（4）如果勾选"在恢复时显示登录屏幕"将会在退出屏幕保护程序后进入到系统登录界面。

（5）单击"设置"按钮可以设置屏幕保护程序的状态。

（6）单击"更改电源设置"将打开"电源选项"窗口，可以设置电源的状态。

4．改变桌面和窗口的外观

在图 2-30 所示的窗口中选择"更改半透明窗口颜色"命令，打开窗口颜色和外观页面，如图 2-34 所示，可以设置桌面各元素的色彩与字体。桌面是由窗口、图标、对话框等元素组成的。每个元素都可以改变颜色和大小。每种样式定义一个桌面所有对象的颜色和大小。为满足用户需要，Windows 提供了多种样式供用户选择。单击"高级外观设置"命令，将弹出"窗口颜色和外观"对话框，如图 2-35 所示，用户可以在其中自行定义个性化样式。

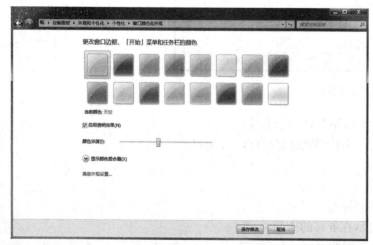

图 2-34　窗口颜色和外观设置页面

图 2-35　"窗口颜色和外观"对话框

5. 设置显示器和屏幕分辨率

在图 2-30 所示的窗口中选择"调整屏幕分辨率"命令，打开"屏幕分辨率"窗口，如图 2-36 所示。

图 2-36　"屏幕分辨率"窗口

在"显示器"下拉列表框中可以对显示器进行选择。
在"分辨率"下拉列表框中可以调整屏幕分辨率，如图 2-37 所示。
在"方向"下拉列表框中可以选择屏幕显示方向，如图 2-38 所示。

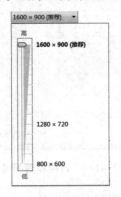

图 2-37　调整屏幕分辨率　　图 2-38　调整屏幕方向

 设置日期和时间

在计算机系统中，默认的时间、日期是根据计算机中 BIOS 的设置得到的，用户可以随时更新日期、时间和区域。

在图 2-16 所示的窗口中选择"时钟、语言和区域"图标，打开"时钟、语言和区域"窗口，如图 2-39 所示。在窗口中单击"设置时间和日期"命令，弹出"日期和时间"对话框，如图 2-40 所示。

图 2-39　"时钟、语言和区域"窗口

如果要修改系统的日期和时间，可以单击"更改日期和时间"按钮，在弹出的"日期和时间设置"对话框中进行日期和时间的修改，如图 2-41 所示，单击"确定"按钮即完成修改。如果要更改时区，可单击"更改时区"按钮，在弹出的"时区设置"对话框中通过下拉列表框选择时区。

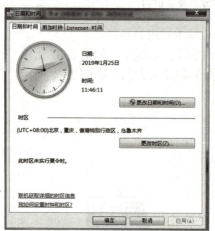

图 2-40　"日期和时间"对话框

图 2-41　"日期和时间设置"对话框

在"Internet 时间"选项卡中，可以设置计算机与 Internet 上的时间服务器同步，但必须是在计算机与 Internet 连接时才能进行。

设置输入法

在图 2-39 所示的窗口中单击"更改键盘或其他输入法"命令，弹出"区域和语言"对话框，选择"键盘和语言"选项卡，如图 2-42 所示。单击"更改键盘"按钮，弹出"文本服务和输入语言"对话框，如图 2-43 所示。单击"添加"按钮就可以添加输入法。选择某一输入法，单击"删除"按钮，可以删除选中的输入法。

第六节 Windows 7 的控制面板

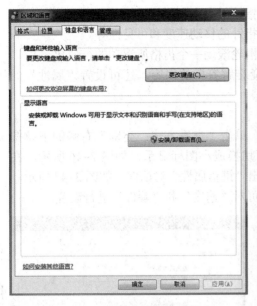

图 2-42 "键盘和语言"选项卡

图 2-43 "文本服务和输入语言"对话框

 四 设置键盘和鼠标

1．设置鼠标

在图 2-16 所示的窗口中选择"硬件和声音"图标，打开"硬件和声音"窗口，如图 2-44 所示。在窗口中单击"鼠标"命令，弹出"鼠标属性"对话框，如图 2-45 所示。

图 2-44 硬件和声音

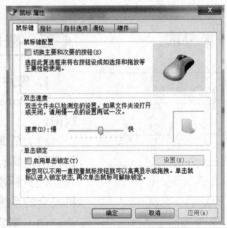

图 2-45 "鼠标 属性"对话框

"鼠标属性"对话框中的 5 个选项卡简介如下：

（1）鼠标键：用于选择左手习惯或右手习惯，同时可调整鼠标的双击速度。

（2）指针：用于改变鼠标指针的大小和形状。

（3）指针选项：用于选择指针的移动速度和可见性等。

（4）滑轮：用于设置滚动滑轮滚动一个齿格所滚动的行列数。

（5）硬件：用于显示"疑难解答"的内容，还可设置"属性"的一些内容。

2．设置键盘

在图 2-46 所示的窗口中，单击"查看方式：类别"右侧的下拉按钮，选择"小图标"，将页面切换成小图标显示，如图 2-46 所示。在窗口中单击"键盘"命令，弹出"键盘属性"对话框，如图 2-47 所示。通过对"键盘属性"的设置，可对"速度"和"硬件"进行设置。

图 2-46 小图标显示

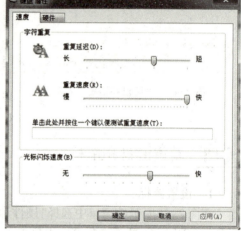

图 2-47 "键盘 属性"对话框

五 账户管理

1．账户

Windows 7 有管理员账户、标准账户和来宾账户三种，各有不同的权限。

（1）管理员账户：启动计算机系统自动创建的账户，拥有最高的操作权限，具有完全访问权，可以做任何的修改。

（2）标准账户：可以使用大多数软件，更改不影响其他用户或计算机安全的系统设置。

（3）来宾账户：拥有最低的使用权限，不能对系统进行修改，只能进行最基本的操作，该账户默认没有被启用。

2．创建账户

在安装 Windows 7 的过程中，安装向导会在安装过程中自动创建系统管理员账户（Administrator）。安装完成后，以该系统管理员账户身份登录，才能创建新的账户。具体步骤如下：

（1）在图 2-30 所示的窗口中选择"用户账户和家庭安全"命令，在新页面中选择"用户账户"图标。

（2）在打开的"更改用户账户"窗口中，单击"管理其他账户"命令，如图 2-48 所示。打开的"管理账户"页面，如图 2-49 所示，单击"创建一个新账户"命令，打开"创建新用户"页面，如图 2-50 所示。

（3）在图 2-50 所示的窗口输入新账户名称（如"test"），并选择账户类型为"标准用户"，单击"创建账户"按钮，即创建了一个名称为 test 的标准账户，如图 2-51 所示。

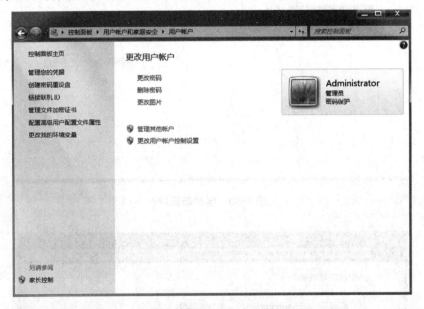

图 2-48　更改用户账户

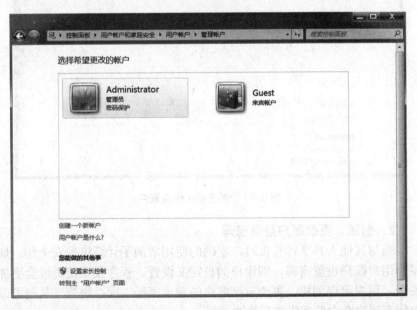

图 2-49　管理账户

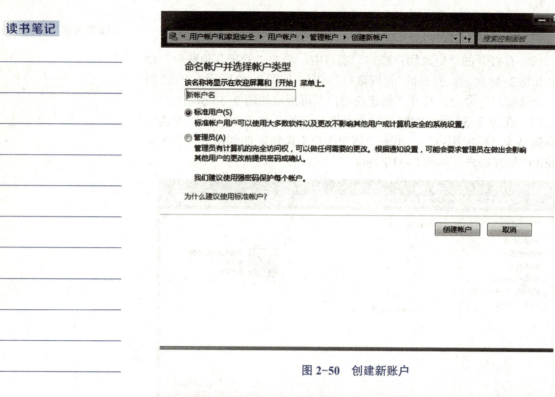

图 2-50 创建新账户

图 2-51 创建 test 标准账户

2. 创建、更改账户登录密码

当与其他人共享计算机时，密码的使用增加了计算机的安全性。如果为用户账户设置密码，则用户的自定义设置、程序及系统资源会更加安全。用户可以创建、更改自己账户的登录密码，而系统管理员则可以对所有用户账户的密码进行修改。

(1）在图 2-51 所示的窗口中双击需要创建密码的账户，如果双击"test"，则打开"更改账户"窗口，如图 2-52 所示。

图 2-52　更改账户

（2）在新窗口中单击"创建密码"命令，打开"创建密码"窗口，如图 2-53 所示。如果用户已经设置过密码，则此处的"创建密码"将为"更改密码"。

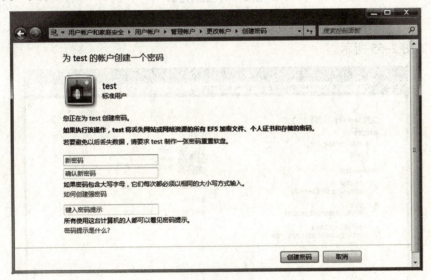

图 2-53　创建密码

（3）在向导的提示下分别输入新密码和确认新密码，并可在下方的"输入密码提示"文本框中输入一个单词或短语作为密码提示，此密码提示可被使用此计算机的所有用户看到。

（4）单击"创建密码"按钮，完成设置。如果是对已设置过密码的账户进行密码的更改，此处为"更改密码"按钮，单击后完成设置。

3．使用家长控制

"家长控制"主要针对家庭中使用计算机的儿童，对其账户的使用时间和使用程序进行限定。以管理员身份登录 Windows 7 系统，可以对标准用户启用该功能。具体操作如下：

（1）在图 2-54 所示的窗口中，单击"设置家长控制"命令，打开"家长控制"窗口。

图 2-54　家长控制

（2）单击需要启用家长控制功能的账户，打开"用户控制"窗口，如图 2-55 所示。

图 2-55　用户控制

（3）选中"启用，应用当前设置"单选按钮，即可对账户的使用时间、游戏等级、使用程序等进行限制。

4．启用或禁用账户

管理员账户可以决定其他账户是否被启用或禁用，具体操作如下：

第六节 Windows 7 的控制面板

（1）启用和禁用来宾账户。在图 2-51 所示的窗口中，单击来宾账户"Guest"，打开"启用来宾账户"窗口，如图 2-56 所示。单击"启用"按钮即可开启来宾账户。如果禁用来宾账户，可在图 2-51 所示的窗口中再次单击来宾账户"Guest"，在打开的"更改来宾账户"中单击"关闭来宾账户"命令即可。

（2）启用和禁用标准账户。在"开始"菜单的"计算机"命令上单击鼠标右键，选择"管理"命令，打开"计算机管理"窗口，如图 2-57 所示。在窗口的导航面板中，单击"本地用户和组"→"用户"，在窗口工作区将显示所有的用户账户。选择标准账户"test"，单击鼠标右键，选择"属性"命令，弹出账户属性对话框，如图 2-58 所示，勾选"账户已禁用"复选框即可禁用标准账户。如已被禁用，则取消勾选"账户已禁用"复选框即可恢复启用。

图 2-56　启用来宾账户

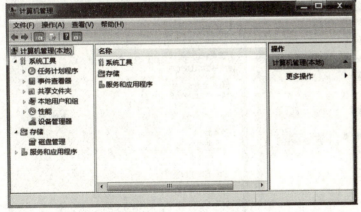

图 2-57　"计算机管理"窗口

图 2-58　"test 属性"对话框

六　查看系统信息

在图 2-16 所示的窗口中选择"系统和安全"图标，在新窗口中选择"系统"图标，将打开"系统"窗口，从中可以查看计算机系统的软件、硬件信息，如图 2-59 所示。单击图 2-59 中"计算机名称、域和工作组设置"区域中的"更改设置"命令，可以打开"系统属性"对话框，如图 2-60 所示。在该对话框中，可以设置计算机在网络中的标志名称。单击"更改"按钮，弹出"计算机名/域更改"对话框，如图 2-61 所示，可在对话框中进行计算机的重命名、工作组或域的更改。

图 2-59 "系统"窗口

 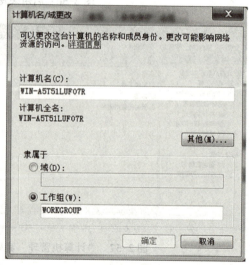

图 2-60 "系统属性"对话框　　　图 2-61 "计算机名/域更改"对话框

七　查看网络信息

在图 2-16 所示的窗口中选择"网络和 Internet"图标，在新打开的页面中选择"网络和共享中心"图标，将打开"网络和共享中心"窗口，如图 2-62 所示，从该窗口中可以查看网络信息并设置网络连接。

第六节 Windows 7 的控制面板

图 2-62 "网络和共享中心"窗口

第二章　Windows 7 操作系统

第七节　Windows 7 对打印机的管理

　安装和删除打印机

1. 安装打印机

安装打印机有两种方式：一种是在本地安装打印机，也就是个人计算机上安装打印机；另一种是安装网络打印机，打印作业要通过打印服务器完成。具体操作步骤如下：

（1）选择"开始菜单"→"设备和打印机"命令，打开"设备和打印机"窗口，如图 2-63 所示，单击"添加打印机"命令，弹出"添加打印机"对话框，如图 2-64 所示。

图 2-63　设备和打印机

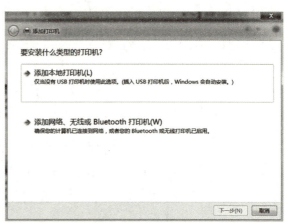

图 2-64　添加打印机

（2）选择"添加本地打印机"或"添加网络、无线或 Bluetooth 打印机"。此处选择"添加本地打印机"，打开"选择打印机端口"对话框，如图 2-65 所示。

（3）选择好打印机端口后，单击"下一步"按钮，打开"安装打印机驱动程序"对话框，如图 2-66 所示。

（4）选择"厂商"和"打印机"的型号，单击"下一步"按钮，按要求进行设置或选择默认值,完成驱动程序的安装预设值,完成添加打印机的操作。

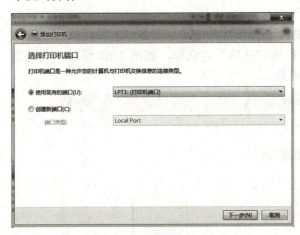

图 2-65　选择打印机端口

图 2-66　安装打印机驱动程序

2. 删除打印机

删除打印机的具体操作如下:

(1)选择"开始"→"设备和打印机"命令,打开"设备和打印机"窗口,如图 2-67 所示。

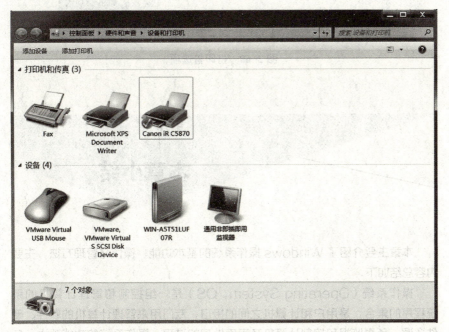

图 2-67　选择打印机

(2)选择所要删除的打印机,单击鼠标右键,在弹出的快捷菜单中选择"删除设备"命令,弹出"删除设备"对话框,单击"是"按钮,即可删除打印机。

配置打印机

在图 2-67 所示的窗口中选择打印机,单击鼠标右键,选择"打印首选项"命令,弹出"打印首选项"对话框,如图 2-68 所示。在对话框中可对打印属性进行设置。

图 2-68 打印首选项

本章主要介绍了 Windows 操作系统的基本功能、操作与管理方法,主要内容总结如下:

操作系统(Operating System,OS)是一组控制和管理计算机的系统程序的集合,是用户和计算机之间的接口,专门用来管理计算机的软件、硬件资源,负责监视和控制计算机及程序处理的过程。操作系统的功能强大,负责对软件、硬件进行控制与管理,主要有进程管理、存储管理、文件管理、设备管理和作业管理五大功能。操作系统的分类方法很多,按提供的功能可以分为批处理操作系统、分时操作系统、实时操作系统、网络操作系统 4 类。

Windows 7 的界面非常友善,通过增强的 Windows 任务栏、开始菜单和 Windows 资源管理器，可以使用少量的鼠标操作来完成更多的任务。在 Windows 7 中，窗口一般可分为系统窗口和程序窗口。二者功能上虽有差别，但组成部分基本相同，包括边框，"最大化"按钮、"最小化"按钮和"关闭"按钮，菜单栏，工具栏，地址栏，窗口工作区，搜索框，导航面板，状态栏，滚动条。Windows 7 是一个多任务的操作系统，用户可以同时启动多个应用程序，打开多个窗口。利用 Windows 7 的资源管理器可以对文件进行管理。使用计算机过程中，掌握计算机的磁盘空间信息是非常必要的。对磁盘的操作可以借助于"计算机"来完成。控制面板是 Windows 系统中重要的设置工具之一，集中了计算机的所有相关设置，方便查看和设置系统状态。安装打印机有两种方式：一种是在本地安装打印机，也就是个人计算机上安装打印机；另一种是安装网络打印机，打印作业要通过打印服务器完成。

课后习题

上机操作：
1. 启动计算机。
2. 创建一个以自己姓名为名称的标准用户账户，并为该账户设置密码。
3. 用自己创建的账户登录，选择一张自己喜欢的图片作为桌面背景。
4. 获取当前电脑的硬件系统与操作系统信息。
5. 设置屏幕保护程序为三维文字、等待时间为 1 分钟、旋转类型为滚动、旋转速度为慢，自定义字幕内容为"欢迎学习 Windows 7"。
6. 通过"开始"菜单、桌面图标启动、退出应用程序。
7. 打开多个"应用程序"窗口，并对窗口进行排列、最小化、最大化、移动等操作。
8. 更改计算机日期为 2019 年 1 月 1 日。

第三章
Word 2010 文字处理软件

学习目标

通过本章的学习，了解 Word 的特点和 Word 2010 界面；掌握 Word 2010 的基本编辑操作、文档格式与排版操作、表格操作、图文混排、打印文档的方法。

能力目标

能熟练应用各种技巧对 Word 2010 进行文字处理，编排出符合要求、版式美观的 Word 文档，并能进行文档打印。

第一节　Word 2010 概述

一　Word 的特点

Word 2010 是 Microsoft 公司开发的 Office 2010 办公组件之一，主要用于文字处理工作。其具有以下特点：

（1）所见即所得。这是 Word 软件最大优势之一，如定义某些汉字为黑体，则在编辑屏幕中，这些文字马上显示为黑体。在屏幕上所见到的，即是在打印机上输出的实际结果。

（2）直观式操作。Word 软件界面友好，提供了丰富多彩的工具，利用鼠标就可以完成选择、排版等操作。

（3）多媒体混排。使用 Word 软件不仅可以编辑文字图形、图像、声音、动画，还可以插入其他软件制作的信息，也可以用 Word 软件提供的绘图工具进行图形制作，编辑艺术字、数学公式，能够满足用户的各种文档处理要求。

（4）制作表格方便快捷。文档离不开表格，用 Word 可以轻松地制作表格。

（5）拼写检查。能自动地对文档中的文字（中文或英文）进行拼写检查，检查有无错误的单词或词组，使文档的正确性大为提高。

（6）模板功能。模板实际上是文档的编排格式，可以将某些编排格式以一个文件的形式存储起来。如需要创建具有相同格式的文档，只需套用现有样式格式，直接输入内容即可，不需要重新编排格式。

（7）兼容性更强。可接受多种格式的文件，也可按其他格式保存。

（8）与 Office 2010 其他组件的协同性强，可方便地与其他组件相互链接。

二、Word 的启动和退出

（一）启动 Word 2010 程序

启动 Word 2010 的常用方法有以下几种：

1．使用"开始"菜单启动 Word 2010

单击"开始"菜单，选择"所有程序"→"Microsoft Office"→"Microsoft Word 2010"命令，即可启动 Word 2010。如果 Word 是最近经常使用的应用程序之一，则在打开的"开始"菜单中可直接选择"Microsoft Word 2010"命令。

2．用桌面快捷方式启动 Word 2010

如果创建了 Word 2010 的桌面快捷方式，可以在桌面直接双击快捷方式，即可以启动 Word 2010。

3．运行 Word 文档启动 Word 2010

在"资源管理器"中选择任意一个后缀名为 .doc 或 .docx 的文档并双击或按回车键时，计算机也会启动 Word 2010，同时，在编辑区打开选中的文档。

4．新建空白 Word 文档并启动 Word 2010

在"资源管理器"中单击鼠标右键，在弹出的快捷菜单中选择"新建"→"Microsoft Word 文档"，创建一个新文档并进行命名。双击该文件即可启动 Word 2010，并打开此新文档。

（二）退出 Word 2010 程序

采用以下任何一种方法，均可退出 Word 2010 程序。

（1）在 Word 2010 窗口中选择"文件"→"退出"命令。

（2）单击 Word 2010 窗口右上角的"关闭"按钮。

（3）双击 Word 2010 窗口左上角的控制 按钮。

（4）单击 Word 2010 窗口左上角的控制 按钮或右击标题栏，在弹出的菜单中选择"关闭"命令。

（5）鼠标指针指向任务栏中的 Word 文档，在展开的文档窗口缩略图中单击右上角的"关闭"按钮；或单击鼠标右键，选择"关闭窗口"命令。

（6）按 Alt+F4 组合键。

三、认识 Word 2010 界面

Word 2010 窗口主要由标题栏、快速访问工具栏、"文件"选项卡、功能区、标尺、工作区、滚动条、状态栏等组成，如图 3-1 所示。其中，标题栏和"文件"选项卡是必须保留的，其他部分可以根据用户的需要显示或隐藏起来。

第一节　Word 2010 概述

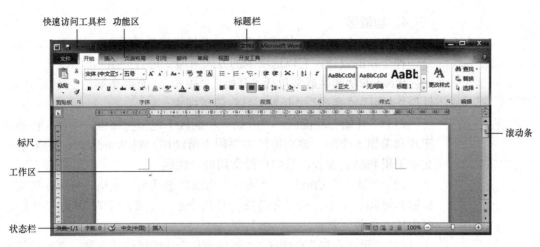

图 3-1　Word 2010 界面组成

1．标题栏

标题栏位于 Word 窗口的最上方,包括控制按钮、文档名、应用程序名称、最小化按钮、最大化按钮和关闭按钮。

2．快速访问工具栏

快速访问工具栏默认位于 Word 窗口的功能区上方、标题栏控制按钮的右方,如图 3-1 所示。默认情况下,快速访问工具栏中只有"保存""撤销""恢复"和"自定义快速访问工具栏"按钮,用户可以根据需要,使用"自定义快速访问工具栏"按钮添加或定义自己常用的命令。

3．"文件"选项卡

Word 2010 的"文件"选项卡如图 3-2 所示,提供了一组操作命令,如"新建""打开""关闭""保存""另存为""打印"等,可以实现对文档的管理。

图 3-2　"文件"选项卡

4．功能区

在 Word 2010 中，传统的菜单和工具栏已被功能区所代替。功能区是一种全新的设计，它以选项卡的方式对命令进行分组和显示。

Word 的功能区通常包括"开始""插入""页面布局""引用""邮件""审阅""视图""开发工具"等选项卡。

（1）"开始"功能区。"开始"功能区中包括剪贴板、字体、段落、样式和编辑 5 个组。该功能区主要用于帮助用户对 Word 2010 文档进行文字编辑和格式设置，是用户最常用的功能区。

（2）"插入"功能区。"插入"功能区包括页、表格、插图、链接、页眉和页脚、文本、符号和特殊符号几个组，主要用于在 Word 2010 文档中插入各种元素。

（3）"页面布局"功能区。"页面布局"功能区包括主题、页面设置、稿纸、页面背景、段落、排列几个组，用于帮助用户设置 Word 2010 文档的页面样式、段落格式等。

（4）"引用"功能区。"引用"功能区包括目录、脚注、引文与书目、题注、索引和引文目录几个组，用于实现在 Word 2010 文档中插入目录或其他比较高级的功能。

（5）"邮件"功能区。"邮件"功能区包括创建、开始邮件合并、编写和插入域、预览结果和完成几个组。该功能区的作用比较专一，专门用于在 Word 2010 文档中进行邮件合并方面的操作。

（6）"审阅"功能区。"审阅"功能区包括校对、语言、中文简繁转换、批注、修订、更改、比较和保护这几个组，主要用于对 Word 2010 文档进行校对和修订等操作，适用于多人协作处理 Word 2010 的长文档。

（7）"视图"功能区。"视图"功能区包括文档视图、显示、显示比例、窗口和宏几个组，主要用于帮助用户设置 Word 2010 操作窗口的视图类型，以方便操作。

（8）"开发工具"功能区。"开发工具"功能区提供了大量的指令及其他加载项，用户可以通过这些指令加载项对文档内容、操作、输入等进行控制。

在 Word 2010 版中，开发工具功能区默认是不显示的，用户可以通过以下操作将其显示在功能区中。

1）在图 3-2 所示的窗口中选择"选项"，在弹出的对话框中选择"自定义功能区"，在右侧"自定义功能区"下勾选"开发工具"复选框，如图 3-3 所示。

2）单击"确定"按钮，即将"开发工具"添加到功能区，如图 3-1 所示。

图 3-3 勾选 "开发工具"

5．标尺

标尺能在文档窗口中提示文档内容在纸张中的位置及其大小，标尺有水平标尺和垂直标尺两种。水平标尺位于文档窗口的上方，用水平标尺可以查看、设置页面的左右边距、制表位、段落缩进、栏宽和表格列宽等；垂直标尺位于文档窗口的左侧，可用于调整页面的上下页边距、表格的行高以及页眉、页脚的高度和位置等。

可以采用以下方法隐藏或显示标尺：

（1）在"视图"功能区的"显示"组中勾选或取消勾选"标尺"复选框，可显示或隐藏标尺，如图 3-4 所示。

图 3-4 "标尺"复选框

（2）单击位于垂直滚动体滑块上方的"标尺"按钮，可显示或隐藏标尺。

6．工作区

工作区是用户操作 Word 文档的主要区域，用户编辑文本、插入图片、绘制表格、排版文档都在该区域中进行。

在工作区有一个被称为"插入点"的不停闪烁的竖直线光标和一个

被称为"段落标记"的编辑标记。当输入一个字符时,其将插入到原插入点的位置,插入点向右移动一个位置。"段落标记"指示该自然段的结束位置,是一个编辑标记,不能被打印出来。

可以采用以下方法显示或隐藏编辑标记:

(1)在"开始"功能区的"段落"组中,单击"显示/隐藏编辑标记"按钮。

(2)选择"文件"→"选项"→"显示"命令,在"始终在屏幕上显示这些格式标记"选项组中设置,来显示或隐藏相应的编辑标记,如图 3-5 所示。

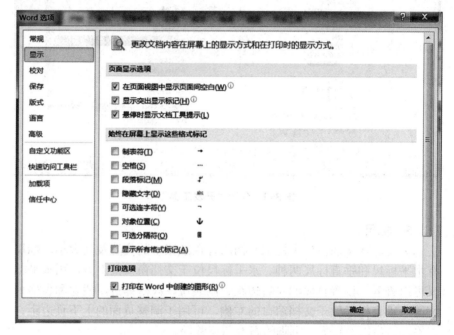

图 3-5 显示/隐藏编辑标记

7. 滚动条

在 Word 窗口中,文档的编辑区域是有限的,不能将所有的文档内容全部同时显示在窗口中。在查看的文档超出窗口的范围时,可以用水平或垂直滚动条来滚动窗口。

8. 状态栏

状态栏位于 Word 窗口的底部,包括了左边的文档页码显示区、字数统计结果显示区、校对结果显示区、语言设置区和插入/改写状态显示区,以及右边的视图按钮栏、显示比例设置条等,如图 3-1 所示。

第二节　Word 2010 的基本编辑操作

第二节　Word 2010 的基本编辑操作

一　文档的创建与打开

1．创建新文档

启动 Word 2010 后，会自动新建一个名为"文档 1"的空白文档。如果用户需要创建另一个新文档，可以利用 Word 2010 的新建文档功能，具体操作如下：

（1）选择"文件"→"新建"命令，窗口中显示"可用模板"列表，如图 3-6 所示。

图 3-6　创建空白文档

（2）选择"空白文档"模板，窗口右侧显示空白文档模板的预览视图。

（3）单击"创建"按钮，即创建一个新的空白文档。

2．打开旧文档

如果要打开已在计算机中存储的文档，可以采用以下方法：

79

(1)选择此文档，然后双击即可打开。

(2)启动 Word 2010，选择"文件"→"打开"，在弹出的"打开"对话框中选择要打开的文档，单击"打开"按钮即可，如图 3-7 所示。

图 3-7 "打开"对话框

文档的存储与关闭

1．存储文档

修改了文档之后，应将它保存起来。可以采用以下方法存储文档：

(1)单击"快速访问工具栏"上的"保存"按钮直接保存。

(2)选择"文件"→"保存"命令进行保存。

(3)选择"文件"→"另存为"命令进行保存。

编辑文本时，可以设置让 Word 2010 自动地每隔一段时间重新保存一次文档，具体操作如下：

(1)选择"文件"→"选项"命令，在弹出的对话框中选择"保存"选项，如图 3-8 所示。

(2)勾选"保存自动恢复信息时间间隔"复选框，输入间隔时间。勾选"如果我没保存就关闭，请保留上次自动保留的版本"复选框，单击"确定"按钮，如图 3-8 所示。

2．关闭文档

选择"文件"→"关闭"命令，可关闭 Word 文档，此时只是关闭打开的文档，并未关闭 Word 程序，工作区以灰色显示，如图 3-9 所示。

退出 Word 程序时，Word 文档也会被自动关闭。

第二节　Word 2010 的基本编辑操作

图 3-8　"保存"选项

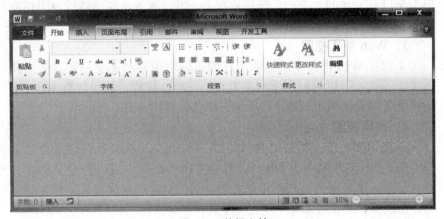

图 3-9　关闭文档

三　查看文档的视图方式与显示比例

（一）查看文档的视图方式

　　Word 2010 可以让用户选择文档内容的不同窗口显示方式，即视图。Word 2010 提供了 5 种视图形式，包括页面视图、阅读版式视图、Web 版式视图、大纲视图和草稿视图。不同的视图在反映文档内容时有不同的特点，用户可以随时根据需要切换到某种视图。
　　通过"视图"功能区"文档视图"组中的"视图"按钮可以方便地切换视图，如图 3-10 所示。也可以通过状态栏中右边的视图按钮栏进行切换。

图 3-10 文档视图

1．页面视图

页面视图是编辑文档时最常用的视图，主要用于版面设计，能够在屏幕上查看与实际打印输出相一致的结果。在页面视图中用户可以编辑页眉与页脚、调整页边距、处理分栏和实现图文混排功能等。

页面视图下，可以看到在上下两页之间为一灰色的两页之间的分界区域。在分界区域上双击，可进行空白区域与黑色的实心线之间的切换。

2．阅读版式视图

阅读版式视图自动隐藏了"功能区""标尺""状态栏"等窗口元素，增大了文档窗口的显示区域，便于用户直接在屏幕上阅读文章。它模拟书本的阅读方式，让用户感觉是在翻阅书籍，同时，又能将相连的两页显示在一个版面上，使得阅读文档十分方便。如果想停止阅读文档，可单击窗口右上角的"关闭"按钮或按 Esc 键，即可从阅读版式视图切换回来。

3．Web 版式视图

文档在 Web 视图中的显示与在浏览器中的显示完全一致。采用此种视图版式，可以编辑用于网站发布的文档。这样，就可以将 Word 中编辑的文档直接用于网站，并可通过浏览器直接浏览。

4．大纲视图

在大纲视图中，可以选择大纲显示的级别，对各级标题进行"上移""下移""升级""降级"，调整文档的结构。可以折叠文档，只查看标题；或者展开文档，以便查看全部的内容。这样，移动和复制文本、重组文档都很容易。

5．草稿视图

草稿视图取消了页面边距、分栏、页眉页脚和图片等元素，仅显示标题和正文。在草稿视图中，可以方便地输入、编辑文字，可以编排文字的格式，但在处理某些版式的图形对象时有一定的局限性。草稿视图是最节省计算机硬件资源的视图方式，运行速度较快。

（二）改变文档的显示比例

在 Word 2010 窗口中，可以放大或缩小比例显示文档内容，改变显示比例对文档的实际打印输出没有任何影响。改变文档的显示比例有以下几种方法：

（1）在"视图"功能区的"显示比例"组中，单击"显示比例"按钮，如图 3-10 所示，在弹出的"显示比例"对话框中进行比例设置，如图 3-11 所示。

（2）在"视图"功能区的"显示比例"组中，单击"100%""多页""整页""页宽"按钮，即可按相应的比例显示文档。

（3）拖动状态栏右侧的显示比例设置条滑块，或者单击"+"或"-"按钮，即可改变文档的显示比例。

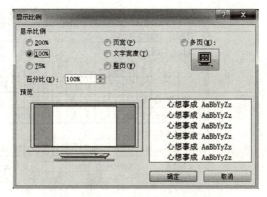

图 3-11 "显示比例"对话框

四 输入字符

在 Word 文档窗口中，可以自由选择任何一种输入法输入字符，字符始终输入在插入点位置。插入点指光标闪烁的位置，每输入一个字符，插入点自动后移。按 Enter 键，在插入点处插入一个段落标记，表示此位置后另起一段，插入点自动移至新段落的段首。

段落标记是 Word 格式应用范围的一个重要识别标记，许多关于段落格式的设置会自动应用于整个段落范围。若在输入内容时，不想进行分段，但需要另起一行，可以按 Shift+Enter 组合键，插入一个叫作"软回车"的换行符标记。Word 使用完一个页面后会自动分页，若想在某一位置另起一页，只要将插入点定位于该处，按 Ctrl+Enter 组合键插入一个分页符，表示在此处另起一页。

1．移动插入点

可以使用鼠标单击或使用光标移动键在正文区域内随意移动插入点。有时可以使用键盘输入快捷键的方法快速移动光标。例如，按 Home 键可将插入点光标移到行首；按 End 键可将插入点光标移到行尾；按 Ctrl+Home 组合键可将插入点光标移到文首；按 Ctrl+End 组合键可将插入点光标移到文末。在文本编辑区的空白位置双击，可以将插入点移到该处。

2．输入模式

输入字符有插入和改写两种工作模式。在"插入"模式下，输入的字符插入到原插入点处，插入点及其右边的文字一起向右移动，为输入的字符腾出空间；在"改写"模式下，插入点右边的文字被刚刚输入的字符改写掉。在状态栏中，单击按钮即可在"插入"和"改写"之间双向切换。通过键盘的 Insert 键，也可以切换插入状态与改写状态。

3．特殊符号的输入

打开"插入"功能区，在"符号"栏中单击"符号"按钮，选择"其他符号"命令，打开"符号"对话框，如图 3-12 所示。在该对话框中选择所需的符号。单击"插入"按钮，所选符号就会插入到插入点位置。

读书笔记

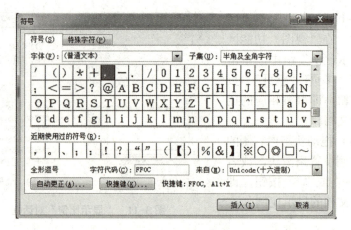

图 3-12 符号

五 选定文本对象

需要处理文本对象时，应该先将该文本对象选中，选取的文本以淡蓝底色显示。选取文本对象有多种方法，可以使用键盘选择，也可以使用鼠标选择。

1．用鼠标选定

通过拖动可以选取鼠标指针起始位置至目标位置之间的文本，这是最基本也是最常用的选定文本对象的方法。将鼠标 I 形光标移到需选定文本的最前面，按住鼠标左键不放，拖动到要选定文本的末端，然后释放鼠标左键，Word 将以淡蓝底色的形式标记被选定的文本。这种方法可以选定任意长度的文本框，如图 3–13 所示。

> 1.用鼠标选定
> 通过拖动可以选取鼠标指针起始位置至目标位置之间的文本。将鼠标 I 形光标移到需选定文本的最前面，按住鼠标左键不放，拖动到要选定文本的末端，然后释放鼠标左键，Word 将以淡蓝底色的形式标记被选定的文本。这种方法可以选定任意长度的文本框，如图 3-13 所示。

图 3–13 用鼠标 I 形光标单击拖动选定文本对象

Word 2010 还有以下一些用鼠标选定文本对象的操作技巧：

（1）将鼠标 I 形光标移到某个词组或单词的位置，双击鼠标左键，即可选定该词组或单词，如图 3–14 所示。

> 1.用鼠标选定
> 通过拖动可以选取鼠标指针起始位置至目标位置之间的文本。将鼠标 I 形光标移到需选定文本的最前面，按住鼠标左键不放，拖动到要选定文本的末端，然后释放鼠标左键，Word 将以淡蓝底色的形式标记被选定的文本。这种方法可以选定任意长度的文本框，如图 3-13 所示。

图 3–14 用鼠标 I 形光标双击选定词组

（2）将鼠标 I 形光标移到要选定的自然段中，三击鼠标左键即可选定该自然段，如图 3-15 所示。

> 需要处理文本对象时，应该先将该文本对象选中，选取的文本以淡蓝底色显示。选取文本对象有多种方法，可以使用键盘选择，也可以使用鼠标选择。
> 1. 用鼠标选定
> 通过拖动可以选取鼠标指针起始位置至目标位置之间的文本。将鼠标 I 形光标移到需选定文本的最前面，按住鼠标左键不放，拖动到要选定文本的末端，然后释放鼠标左键，Word 将以淡蓝底色的形式标记被选定的文本。这种方法可以选定任意长度的文本框，如图 3-13 所示。

图 3-15　用鼠标 I 形光标三击选定自然段

（3）将鼠标 I 形光标移到文本的最左边，光标将变成一个向右指的箭头，如图 3-16 所示。此时单击，即可选定箭头光标指定的这一行；如果双击，则选定箭头光标所指的自然段；如果三击，将选择整个文档。

> 1. 用鼠标选定
> 通过拖动可以选取鼠标指针起始位置至目标位置之间的文本。将鼠标 I 形光标移到需选定文本的最前面，按住鼠标左键不放，拖动到要选定文本的末端，然后释放鼠标左键，Word 将以淡蓝底色的形式标记被选定的文本。这种方法可以选定任意长度的文本框，如图 3-13 所示。

图 3-16　箭头光标选定

2. 用键盘选定文本

把插入点置于要选定文本的起点，按住 Shift 键不放，按↑、↓、→、←键可选取一个字、一行字、一个段落，甚至整个文档。

Word 2010 还有以下一些用键盘（键盘＋鼠标）选定文本对象的操作技巧：

（1）把插入点置于要选定文本的最前面，滚动文本到要选中文本的最后面，按住 Shift 键不放，再单击鼠标左键，即可选中这部分文本。

（2）按 Shift+End 组合键可选定该行插入点右边的文本；按 Shift+Home 组合键可选定该行插入点左边的文本。

（3）在"开始"功能区的"编辑"组中，选择"选择"→"全选"命令即可选择整个文档。也可以按 Ctrl+A 快捷键选择整个文档。

（4）如果要按列方式选定矩形块文本，可用 Alt+鼠标左键拖拉完成，如图 3-17 所示。

> 1. 用鼠标选定
> 通过拖动可以选取鼠标指针起始位置至目标位置之间的文本。将鼠标 I 形光标移到需选定文本的最前面，按住鼠标左键不放，拖动到要选定文本的末端，然后释放鼠标左键，Word 将以淡蓝底色的形式标记被选定的文本。这种方法可以选定任意长度的文本框，如图 3-13 所示。

图 3-17　按列方式选定文本

六、文本的删除、复制和移动

1. 删除文本

（1）删除字符。在输入文本时，难免会有错误，可以移动插入点，用退格键删除插入点左边的一个字符，或用 Delete 键删除插入点右边的一个字符。

（2）删除文本。选取要删除的文本内容，按退格键或 Delete 键即可将选中的文本全部删除。

2. 移动文本

在编辑文档的过程中，常常需要将某些文本从一个位置移到另一个位置。可以采取以下方法移动文本：

（1）选取要进行移动的文本内容，按 Ctrl+X 组合键或单击鼠标右键选择"剪切"命令，选中的文本内容被剪切到剪贴板。将插入点移动到想要的位置，按 Ctrl+V 组合键，即可完成移动任务。

（2）选取要进行复制的文本内容后，将鼠标放在选取的文本上，长按下鼠标左键将复制内容拖动到要移动到的地方，松开鼠标左键，即完成文本移动。此方法适用于短距离移动文本。

3. 复制文本

在编辑文档的过程中，对于相同或类似的文本，可以将其进行复制，而不需要重复输入。可以采取以下方法复制文本：

（1）选取要进行复制的文本内容，按 Ctrl+C 组合键或单击鼠标右键选择"复制"命令，选中的文本内容被复制到剪贴板。将插入点移动到想要粘贴文本内容的位置，按 Ctrl+V 组合键或单击鼠标右键选择"粘贴"命令，即可完成复制任务。

（2）选取要进行复制的文本内容后，将鼠标放在选取的文本上，按下 Ctrl 键不放，同时按下鼠标左键保持不放拖动到要复制的地方，同时松开鼠标左键和 Ctrl 键，即完成文本复制。此方法适用于短距离复制文本。

七、文本的查找与替换

查找和替换功能是编辑文本时非常有用的工具。Word 2010 提供的查找与替换功能可以很轻松地在文档中找到某个字或词，也可以很轻松地将指定范围内的某个字或词替换成其他内容。

1. 查找

（1）单击"开始"功能区"编辑"组中的"替换"按钮，打开"查找和替换"对话框，选择"查找"选项卡，如图 3-18 所示。

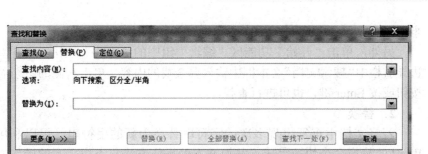

图 3-18　"查找和替换"对话框

（2）在"查找内容"文本框中输入要查找的文本。

（3）单击"查找下一处"按钮开始查找。当 Word 查找到符合条件的内容时，会高亮显示该文本。

（4）单击"更多"按钮，可展开更多搜索选项，如图 3-19 所示。

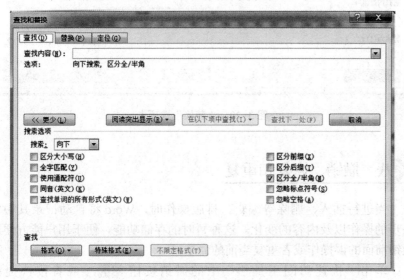

图 3-19　更多搜索选项

搜索：单击"搜索"框右边的向下箭头按钮，在其下拉列表中指定搜索范围，可以选择"全部""向上""向下"三种方式。

区分大小写：当勾选该复选框时，区分英文字母大小写。

全字匹配：当勾选该复选框时，仅查找相匹配的完整单词，而不是某个单词的一部分。

使用通配符：当勾选该复选框时，允许搜索带通配符、特殊字符的字符串。

同音（英文）：当勾选该复选框时，查找与在"查找内容"文本框中输入单词有相同发音的单词。如 sun 可以匹配 son 等。

查找单词的所有形式（英文）：选中该复选框时，查找在"查找内容"文本框中输入单词的所有形式，如 sit 将匹配 sit、sat 或 siting 等。

区分全/半角：选中该复选框时，将区分英文字母和数字的全角或半角。

另外，单击"开始"功能区"编辑"组中的"查找"按钮，可在左边导航栏中"搜索文档"文本框中输入要查找的内容，单击右侧的"搜索"按钮或按 Enter 键，也可进行查找。

2．替换

若将文档中重复出现多次的字符串替换为新的字符串，可以利用 Word 的替换命令快速完成。替换文本的操作方法与查找文本的操作方法基本相同。不同点在于："替换"选项卡中除"查找内容"文本框外，还有一个"替换为"文本框，在该文本框中输入字符串来替换查找到的文本，如图 3-20 所示。

图 3-20 "替换"选项卡

八 撤销、恢复和重复

当进行插入、删除等编辑、排版操作时，Word 将自动记录其中每一步的操作以及内容的变化。这种暂时的存储功能，便于用户能方便地撤销前面的误操作或者重复当前的命令。

单击"快速访问工具栏"中的撤销按钮 ，或者按快捷键 Ctrl+Z，即可撤销最近一次的操作。若要撤销多步操作，可以单击"撤销"右侧的下拉按钮，在其下拉列表中选择撤销多步操作。

单击"快速访问工具栏"中的"恢复"按钮，可以恢复被撤销的操作。"恢复"按钮只有在用户进行撤销操作后才可用。如果用户没有进行过任何撤销操作，那么"快速访问工具栏"中显示的不是"恢复"按钮，而是"重复"按钮。此时，单击此按钮可以重复最近一次的操作。

第三节　Word 2010 文档格式与排版操作

为了美化文档版面,需要对输入的内容进行修饰与排版操作。Word 2010 提供了丰富的排版功能,许多常用命令都以工具按钮的形式呈现在窗口中,可以用鼠标单击进行操作,十分便捷。而有些功能无法通过工具按钮实现,只能使用"对话框"来完成。

排版文档主要包括对选定的文字进行格式设置、对指定段落进行格式设置和对文档进行页面设置等操作。

一　字符格式编排

字符的格式包括文字的字体、字形、字号、颜色、效果、字符间距、字符边框及字符底纹等。

设置字符格式可以采用以下方法:

(1) 单击"开始"功能区"字体"组中的工具按钮,如图 3-21 所示,或选择显示的浮动工具栏,来设置字符常用格式。

图 3-21　字体工具按钮

(2) 单击"开始"功能区"字体"组中右下角的"显示'字体'对话框"按钮,或选中文本后单击鼠标右键,在弹出的快捷菜单中选择"字体"命令,打开"字体"对话框来设置字符的格式,如图 3-22 所示。

在"字体"对话框的"字体"选项卡中可以进行中文字体、西文字体、字形、字号、字体颜色、下划线、着重号、效果等的设置。用户可以在对话框的"预览"区域中预览每一种格式设置后的显示效果。

单击"高级"标签,打开"高级"选项卡,如图 3-23 所示。

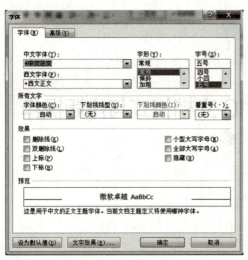

图 3-22 "字体"对话框

图 3-23 "高级"选项卡

在"字符间距"区域中可以对所选文本进行缩放、间距、位置等设置。

1)缩放：用于对选定的文字按比例改变横向大小。

2)间距：用于改变选定文字的字间距，具体改变值可在右边"磅值"框中设置。

3)位置：用于改变选定文字的纵向的位置，具体改变值可在右边"磅值"框中设置。

单击"文字效果"按钮，打开"设置文本效果格式"对话框，如图 3-24 所示。在该对话框中可以对文本填充、文本边框、轮廓样式、阴影、映像、发光和柔化边缘、三维格式等进行设置。

图 3-24 "设置文本效果格式"对话框

二 段落格式编排

段落是以段落标记作为结束的一段文字。每按一次 Enter 键就插入一个段落标记，并开始一个新的段落。如果删除段落标记，那么，下一段文本就连接到上一段文本之后，成为上一段文本的一部分，其段落格式改变成与上一段相同。

1. 段落对齐

段落的对齐方式包括左对齐、右对齐、两端对齐、居中和分散对齐，可以采用以下操作方法：

（1）选定需要设定对齐方式的段落，在"开始"功能区的"段落"组中，单击相应的按钮，即可得到所需的对齐方式，如图 3-25 所示。

图 3-25 "段落"组

（2）选定需要设定对齐方式的段落，单击"开始"功能区"段落"组右下角的"显示'段落'对话框"按钮，打开"段落"对话框，如图 3-26 所示。在"缩进和间距"选项卡的"常规"区域可以设置对齐方式，选择好对齐方式后，单击"确定"按钮即完成设置。

2．段落缩进

段落缩进是指段落的首行缩进、悬挂缩进、左缩进和右缩进这几种缩进方式，可以采用以下操作方法：

（1）选定段落，拖动水平标尺中的相应小滑块进行缩进，如图 3-27 所示。

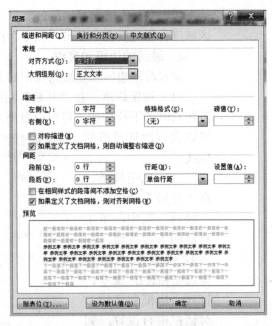

图 3-26　"段落"对话框

图 3-27　水平标尺缩进

（2）选定段落，单击"开始"功能区中"段落"组中的"减小缩进量"按钮，被选定的段落向左缩进一个汉字；单击"增加缩进量"按钮，被选定的段落向右缩进一个汉字。

（3）选定段落，按 Tab 键，使被选定的段落向右缩进两个汉字。

（4）选定段落，单击"开始"功能区"段落"组右下角的"显示'段落'对话框"按钮，或者在选定的段落上单击鼠标右键选择"段落"命令，打开"段落"对话框。在对话框"缩进"区域相应项目右边输入需要缩进的度量值（首行缩进、悬挂缩进在"特殊格式"下拉列表框中选择，度量单位可以通过自行输入修改），单击"确定"按钮完成设置。

3．段落间距和行间距

段落间距是指段落与段落之间的距离；行间距是指行与行之间的距离。设置段落间距、行间距的操作如下：

（1）选定段落，单击"开始"功能区中"段落"组中的"行和段落间距"按钮，如图 3-28 所示，进行行间距和段落间距的简单设置。

（2）选定段落，单击"开始"功能区"段落"组右下角的"显示'段落'对话框"按钮，或者在选定的段

图 3-28　"行和段落间距"按钮

落上单击鼠标右键选择"段落"命令，打开"段落"对话框。在"间距"区域进行相应设置，单击"确定"按钮完成设置。

4．段落的边框和底纹

设置段落边框和底纹的操作如下：

（1）选定段落，在"开始"功能区的"段落"组中，单击"底纹"按钮右侧的下拉按钮，可以设置所选段落的底纹；单击右侧的下拉按钮可以设置所选段落的框线。

（2）选定段落，在"开始"功能区的"段落"组中，单击右侧的下拉按钮，在下拉列表框中选择"边框和底纹"命令，打开"边框和底纹"对话框进行设置，如图3-29所示。

图 3-29　"边框和底纹"对话框

5．项目符号和编号

项目符号或编号的作用对象是给所选的段落加项目符号或编号，项目符号或编号的形式可以由用户选择。

具体操作方法：选定段落，在"开始"功能区的"段落"组中，单击"项目符号"按钮右侧的下拉按钮，可以从下拉列表框中选择项目符号形式；单击"编号"按钮右侧的下拉按钮，可以从下拉列表框中选择编号样式。

三　页面排版

1．页面设置

Word 2010 默认纸张大小为标准的 A4 纸，宽度为 21 厘米，高度为 29.7 厘米，页面方向为纵向，页边距为：上（2.54 厘米）、下（2.54 厘米）、左（3.17 厘米）、右（3.17 厘米）。如果使用其他纸形或页边距，可用下述方法进行修改。

（1）使用"页面布局"功能区的"页面设置"组中的按钮，可以对文字方向、页边距、纸张方向、纸张大小、分栏等进行设置。单击相应按钮，即可在下拉列表中进行选择，如图3-30所示。

图 3-30　"页面设置"组

（2）单击"页面布局"功能区的"页面设置"组右下角的"显示'页面设置'对话框"按钮，打开"页面设置"对话框，如图3-31所示。

1）"页边距"选项卡。打开"页面设置"对话框后，默认显示的是

"页边距"选项卡。

①在"页边距"区域可以设置上、下、左、右边距,其是指离开每页纸的边缘的距离。

②在"纸张方向"区域可以选择纸张是纵向放置还是横向放置。

③在"应用于"中可设置应用范围。

2)"纸张"选项卡。单击"纸张"标签,打开"纸张"选项卡,如图 3-32 所示。

图 3-31 "页边距"选项卡

图 3-32 "纸张"选项卡

①在"纸张大小"列表框中,可以选择标准纸张大小或自行定义一种纸张大小。

②在"纸张来源"区域可以设置首页和其他页的纸张来源。

3)"版式"选项卡。单击"版式"标签,打开"版式"选项卡,如图 3-33 所示。

①在"节的起始位置"下拉列表框中选择开始新的文档节的位置。

②在"页眉和页脚"区域中,如果勾选"奇偶页不同"复选框,将为偶数页和奇数页创建不同的页眉、页脚。

③在"页眉和页脚"区域中,如果勾选"首页不同"复选框,将为文档或节的首页创建不同的页眉或页脚。

④在"页眉和页脚"区域的"距边界"选项中的"页眉""页脚"后输入数值,可设置从纸张上边缘到页眉上边缘、从纸张下边缘到页脚下边缘的距离。

⑤在"页面"区域中的"垂直对齐方式"

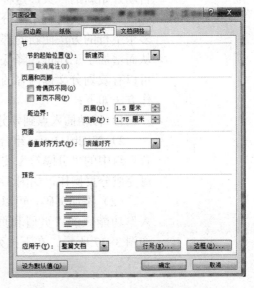

图 3-33 "版式"选项卡

下拉列表框中指定在页面的上下页边距间垂直排列文字的方式。

4)"文档网格"选项卡。单击"文档网格"标签,打开"文档网格"选项卡,如图3-34所示。

①在"文字排列"区域可以设置文字排列的方向和栏数。

②在"网格"区域可设置网格方式。

③在"字符数"区域可设置每行的字数。

④在"行数"区域可设置每页的行数。

(3)将鼠标置于水平标尺左端或右端的页边距位置,当指针变成双向箭头时,可拖动标记来更改页面的左、右边距,如图3-35所示。同样,将鼠标放到垂直标尺上端或下端的页边距位置,可拖动标记来设置页面的上、下边距。

图3-34 "文档网格"选项卡

图3-35 改变页边距

2. 分页、设置页码

(1)手工分页。Word 2010具有自动分页的功能,当一页不够用时,自动开始新的一页,这种分页叫作自动分页。有时,用户在输入的文字还没写满一页时就希望分页,这时需要做手工分页操作。如果使用加入多个空行的方法使新的部分另起一页,则会导致修改文档时重复排版,从而增加了工作量,降低了工作效率。借助Word 2010中的分页操作,可以有效划分文档内容的布局,而且使文档排版工作简洁高效。具体操作方法如下:

1)移动插入点到要分页的位置。

2)按Ctrl+Enter组合键,或者单击"页面布局"功能区的"页面设置"组中的"分隔符"按钮,在其下拉列表中选择"分页符"命令,即可完成分页操作,如图3-36所示。

(2)添加页码。可以为文档每一页添加页码,具体操作:单击"插入"功能区的"页眉和页脚"组中的"页码"按钮,显示下拉列表,如图3-37所示。在下拉列表中进行选择设置,确定页码显示位置和样式等。

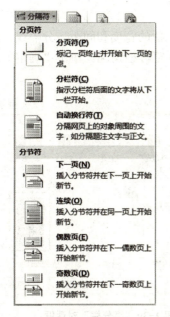

图 3-36　分隔符

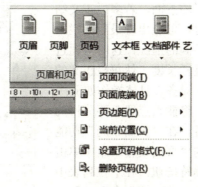

图 3-37　页码

3．添加页眉和页脚

页眉位于页面上部，一般在上页边距线之上。页脚位于页面下部，一般在下页边距线之下。具体操作：单击"插入"功能区的"页眉和页脚"组中的"页眉"或"页脚"按钮，可以在下拉列表中选择内置的样式，也可以选择"编辑页眉"或"编辑页脚"命令，此时 Word 进入页眉和页脚编辑状态，正文不可编辑。同时，窗口出现页眉和页脚工具"设计"功能区，如图 3-38 所示。在该功能区可应用按钮工具对页眉和页脚进行设计。设计完毕后，单击"关闭页眉和页脚"按钮，切换到正文编辑状态，完成操作。

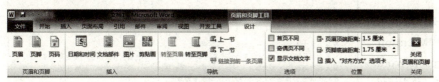

图 3-38　页眉和页脚"设计"功能区

四　分栏排版

分栏排版是一种常用的文档编排方式。通过分栏，可以将文档的版面设计成类似于报纸、杂志的多栏格式。设置多栏文档的具体操作如下：

（1）选中要设置为多栏格式的文本。

（2）在"页面布局"功能区的"页面设置"组中单击"分栏"按钮，在下拉列表中选择分栏方式。若选择"更多分栏"命令，则打开"分栏"

对话框，如图 3-39 所示。

（3）在"分栏"对话框中可对栏数、栏的宽度和间距、分隔线、应用范围等进行设置，在"预览"区域可预览分栏情况。单击"确定"按钮即完成分栏。

分栏后正文将从最左栏的上端开始排列，一直到最右栏的下面。若多栏正文结束时，可能出现最后一栏编排不满的情况，这时可通过调整栏长度，使每栏正文的长度对齐，具体操作如下：

将插入点置于要分栏的位置，在"页面布局"功能区的"页面设置"组中单击分隔符按钮，在下拉列表中选择"分栏符"命令，即可产生分栏效果。

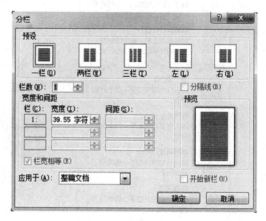

图 3-39　"分栏"对话框

实训　　　　制作求职信

1．建立 Word 文档并输入内容

（1）选择"开始"菜单→"所有程序"→"Microsoft Office"→"Microsoft Word 2010"命令，启动 Word 2010。

（2）在 Word 2010 窗口中，选择"文件"→"保存"命令，打开"另存为"对话框，在左侧的窗格中选择保存位置，在"文件名"文本框中输入"求职信"，单击"保存"按钮进行保存。

（3）在工作区中输入求职信内容，如图 3-40 所示。

图 3-40　输入求职信内容

2. 设置页面格式

在"页面布局"功能区的"页面设置"组中,单击"纸张大小"按钮,设置纸张大小为A4;单击"纸张方向"按钮,设置纸张方向为纵向;单击"页边距"按钮,在下拉列表中选择"自定义边距",打开"页面设置"对话框,设置上、下边距为3,左、右边距为2.5,如图3-41所示。

3. 设置字符格式

(1)将标题"求职信"设置为:楷体、二号、加粗,并将字符间距设为:加宽、10磅。具体操作如下:

1)选中标题"求职信",在"开始"功能区的"字体"组中的"字体"下拉列表框中选择"楷体",在"字号"下拉列表框中选择"二号",并单击"加粗"按钮,如图3-42所示。

2)单击"开始"功能区"字体"组中右下角的"显示'字体'对话框"按钮,打开"字体"对话框,单击"高级"选项卡,在"字符间距"区域选择"间距"为"加宽","磅值"为"10磅",如图3-43所示。

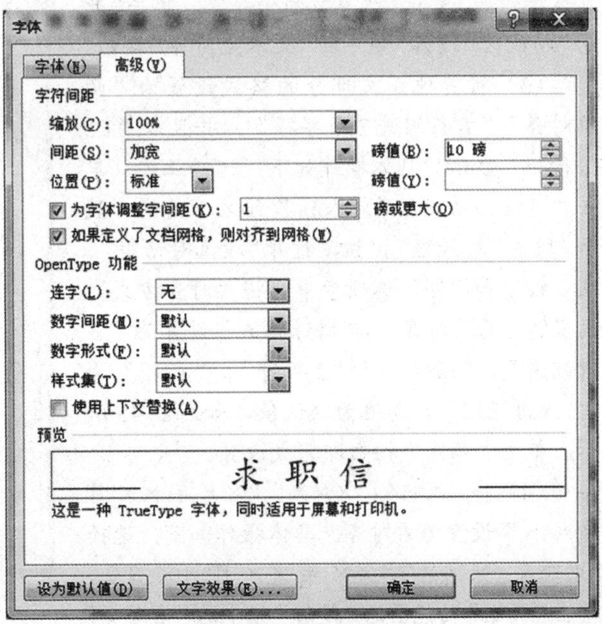

(2)将求职信中的"尊敬的领导:""求职人:×××""××年××月××日"设置为:黑体、小四号。具体操作如下:

1)选择"尊敬的领导:",在"字体"下拉列表框中选择"黑体",在"字号"下拉列表框中选择"小四"。

2)单击"开始"功能区的"剪贴板"组中的"格式刷"按钮,拖动鼠标选择目标文本"求职人:×××""××年××月××日"复制字符格式。

(3)将求职信中的正文字体设置为:宋体、小四号。选择正文字体,在"字体"下拉列表框中选择"宋体",在字号"下拉列表框"选择"小四"。

设置完字体的求职信的效果如

图3-41 页边距设置

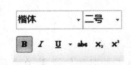

图3-42 设置字体

图3-43 设置字符间距

图 3-44 所示。

求 职 信

尊敬的领导：
您好！
我是××大学××系的一名学生，即将面临毕业。
××大学是我国××人才的重点培养基地，具有悠久的历史和优良的传统，并且素以治学严谨、育人有方而著称；××大学××系则是全国××学科基地之一。在这样的学习环境下，无论是在知识能力，还是在个人素质修养方面，我都受益匪浅。
四年来，在师友的严格教益及个人的努力下，我具备了扎实的专业基础知识，系统地掌握了××、××等有关理论；熟悉涉外工作常用礼仪；具备较好的英语听、说、读、写、译等能力；能熟练操作计算机办公软件。同时，我利用课余时间广泛地涉猎了大量书籍，不但充实了自己，也培养了自己多方面的技能。更重要的是，严谨的学风和端正的学习态度塑造了我朴实、稳重、创新的性格特点。
此外，我还积极地参加各种社会活动，抓住每一个机会，锻炼自己。大学四年，我深深地感受到，与优秀学生共事，使我在竞争中获益；向实际困难挑战，让我在挫折中成长。祖辈们教我勤奋、尽责、善良、正直；中国人民大学培养了我实事求是、开拓进取的作风。我热爱贵单位所从事的事业，殷切地期望能够在您的领导下，为这一光荣的事业添砖加瓦；并且在实践中不断学习、进步。
收笔之际，郑重地提一个小小的要求：无论您是否选择我，尊敬的领导，希望您能够接受我诚恳的谢意！
祝愿贵单位事业蒸蒸日上！
求职人：×××
××年××月××日

图 3-44 设置字体

4. 设置段落格式

（1）将标题"求职信"设置为"居中"显示。具体操作如下：选择"求职信"，单击"开始"功能区的"段落"组中的"居中"按钮。

（2）将"尊敬的领导"设置为"左对齐"。具体操作如下：选择"尊敬的领导"，单击"开始"功能区"段落"组中的"文本左对齐"按钮。

（3）将其他正文部分的格式设置为"两端对齐""首行缩进 2 个字符"，并且以"1.5 倍行距"显示。具体操作如下：选择正文，单击"开始"功能区的"段落"组右下角的"显示'段落'对话框"按钮，打开"段落对话框"。在"缩进和间距"选项卡中，将"对齐方式"设置为"两端对齐"，"特殊格式"设置为"首行缩进"，"磅值"为"2 字符"，"行距"为"1.5 倍行距"，其他为默认值，如图 3-45 所示。单击"确定"按钮即完成设置。

（4）将"求职人：×××""××年××月××日"设置为右对齐。具体操作如下：选择"求职人：×××""××年××月××日"，单击"开始"功能区的"段落"组中的"右对齐"按钮。

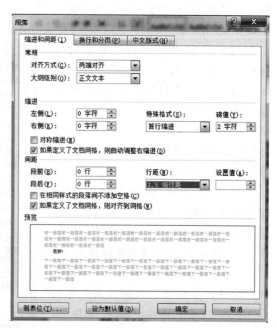

图 3-45 正文段落设置

段落格式设置完成后，求职信的显示效果如图 3-46 所示。

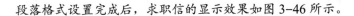

图 3-46　设置段落格式

第四节　Word 2010 的表格操作

表格能够将一组数据有条理地表现出来。Word 的表格结构是由行、列组成的，一行和一列的交叉处是一个单元格，表格的信息包含在各个单元格中，并且可以在单元格中输入文本、图形以及其他对象。

一　创建表格

Word 2010 提供了绘制表格、自动生成表格、编辑表格的功能。用户可以先制作表格，再编辑内容；也可以先以一定规则编辑好文本，再转换生成表格。Word 的表格大小没有限制，如果表格超过一页，系统会自动添加分页符，用户可以指定一行或多行作为每页表格的标题，标题会在每页表格的顶部显示。

1. 使用"即时预览"创建表格

使用"即时预览"的方法创建表格，既简单又直观，并且可以让用户即时预览到表格在文档中的效果。具体操作如下：

（1）将插入点置于要插入表格的文档位置，单击"插入"功能区的"表格"组中的"表格"按钮，在下拉列表中的"插入表格"区域，以滑动鼠标指针的方式指定表格的行数和列数，如图 3-47 所示。同时，用户可以在文档中实时预览到表格的大小变化。确定行列数目后，单击鼠标左键即可将指定行列数目的表格插入到文档中。

（2）此时，窗口出现"表格工具"的"设计""布局"功能区，可对表格

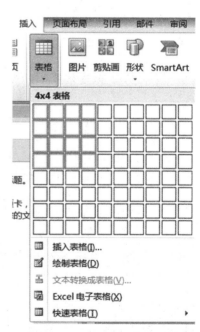

图 3-47　"即时预览"创建表格

样式和布局进行设置，如图 3-48 所示。

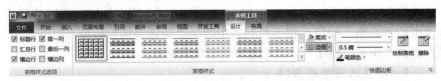

图 3-48　设计表格

2．使用"插入表格"命令创建表格

使用"插入表格"命令创建表格，可以让用户在将表格插入文档之前选择表格尺寸和格式。具体操作如下：

（1）将插入点置于要插入表格的文档位置，单击"插入"功能区的"表格"组中的"表格"按钮，在下拉列表中选择"插入表格"命令。

（2）在弹出的"插入表格"对话框中，设置列数、行数和"自动调整"操作方式，如图 3-49 所示。

（3）设置完毕后，单击"确定"按钮，即可将表格插入到文档中。

图 3-49　"插入表格"对话框

3．手动绘制表格

手动绘制表格适用于创建不规则的复杂表格。具体操作如下：

（1）将插入点置于要插入表格的文档位置，单击"插入"功能区的"表格"组中的"表格"按钮，在下拉列表中选择"绘制表格"命令。

（2）此时鼠标指针变为铅笔状 ✎，用户可以先拖动此铅笔绘制出一个大矩形以定义表格的外边界，然后再根据实际需要在矩形内绘制行线和列线，如图 3-50 所示。

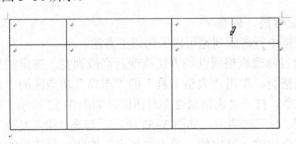

图 3-50　手动绘制表格

（3）如果用户要擦除某条线，可以在"设计"功能区的"绘图边框"组中单击"擦除"按钮 ，此时鼠标指针会变为橡皮擦形状 ，单击需要擦除的线条即可将其擦除。擦除后再次单击"擦除"按钮，退出"擦除"模式。

4．使用快速表格

Word 2010 提供了一个"快速表格库"，包含一组预先设计好格式

读书笔记

的表格，用户可以从中选择以迅速创建表格。具体操作如下：

将插入点置于要插入表格的文档位置，单击"插入"功能区的"表格"组中的"表格"按钮，在下拉列表中选择"快速表格"命令，打开系统内置的"快速表格库"，从中选择需要的表格样式。

5．将文本转换成表格

用户可以先输入文本，并在文本中设置分隔符，再将其自动转换成表格。具体操作如下：

（1）在 Word 文档中输入文本，并使用制表符、空格、逗号等符号作为分隔符，在开始新行的位置按 Enter 键。选择要转换为表格的文本。

（2）单击"插入"功能区的"表格"组中的"表格"按钮，在下拉列表中选择"文本转换成表格"命令，打开"将文字转换成表格"对话框，如图 3-51 所示。

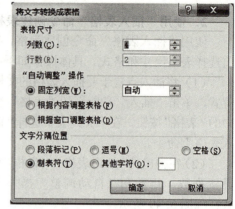

图 3-51 "将文字转换成表格"对话框

（3）Word 通常会根据用户在文档中输入的分隔符，默认选取对话框中"文字分隔位置"区域的单选按钮，本例默认选取"制表符"单选按钮。同时，Word 会自动识别出表格的列数与行数。用户可根据实际需要，设置其他选项。确认无误后，单击"确定"按钮，文本即被转换成了表格。

修改表格

1．改变行高、列宽

改变表格中行高或列宽可以采用以下方法：

（1）通过修改表格属性的方法改变行高或列宽。选定需要改变行高或列宽的表格行，单击"表格工具"的"布局"功能区的"表"组中的"属性"命令，打开"表格属性"对话框，如图 3-52 所示。单击"行"标签，打开"行"选项卡，如图 3-53 所示。勾选"指定高度"复选框，在气候文本框中输入高度值。单击"确定"按钮，所选行的高度变为指定的高度值。单击"列"标签，可对列宽进行设置。

（2）用鼠标直接拖动表格线改变表格中的行高或列宽。

（3）选定要改变行高或列宽的单元格，或者移动插入点到表格中（相当于选中整个表格），在标尺上会出现该表格的行高或列宽标记，用鼠标拖动这些标记，即可改变行高或列宽。

（4）利用"表格工具"的"布局"功能区的"单元格大小"组中的"高度""宽度"文本框，也可设置行高和列宽，如图 3-54 所示。

第四节　Word 2010 的表格操作

图 3-52　"表格属性"对话框

图 3-53　"行"选项卡

图 3-54　"布局"功能区

在"单元格大小"组中,"分布行"按钮 用于均匀分布各行;"分布列"按钮 用于均匀分布各列。

2. 行、列的插入

插入表格行的操作如下:

(1) 选取行,要插入几行就在插入位置处先选取几行。

(2) 在"表格工具"的"布局"功能区的"行和列"组中单击"在上方插入"或"在下方插入"按钮,如图 3-54 所示,就可以在选定行的上方或下方插入若干行。

插入表格列的操作如下:

(1) 选取列,要插入几列就在插入位置处先选取几列。

(2) 在"表格工具"的"布局"功能区的"行和列"组中单击"在左侧插入"或"在右侧插入"按钮,如图 3-54 所示,就可以在选定列的左侧或右侧插入若干列。

3. 行、列、表格的删除

删除表格中行或列的操作如下:

(1) 选取表格中需要删除的若干行或列。

(2) 在"表格工具"的"布局"功能区的"行和列"组中单击"删除"按钮,在下拉列表中选择"删除行"或"删除列"命令即可。

选择"删除表格"命令,可以删除整个表格。

读书笔记

4. 合并和拆分单元格

合并单元格的操作如下：

（1）选定要合并的若干个单元格。

（2）单击"表格工具"的"布局"功能区的"合并"组中的"合并单元格"按钮，即可合并单元格。

拆分单元格的操作如下：

图 3-55 "拆分单元格"对话框

（1）选定要拆分的一个或多个单元格。

（2）单击"表格工具"的"布局"功能区的"合并"组中的"拆分单元格"按钮，打开"拆分单元格"对话框，如图 3-55 所示。

（3）在"列数"和"行数"中输入需要拆分的列数和行数。

（4）如果勾选"拆分前合并单元格"复选框，则先合并所选单元格，再将拆分的设置应用于整个所选部分，这样可快速重设表格。

（5）设置完毕后，单击"确定"按钮即完成拆分单元格。

5. 拆分和合并表格

如需将一个大表格拆分成两个表格，可以采用以下方法：

（1）将插入点置于将作为新表格第一行的单元格中。

（2）单击"表格工具"的"布局"功能区的"合并"组中的"拆分表格"按钮，即可将表格拆分成两个部分。

如果要合并表格，直接将表格之间的空行删除即可。

设置表格格式

1. 设置单元格和表格边框和底纹

Word 2010 可以对所选取的表格或部分单元格设置各种框线和底纹，具体操作如下：

（1）选取需要添加框线的单元格或表格。

（2）单击"表格工具"的"设计"功能区中的"绘图边框"组右下角的"边框和底纹"按钮，打开"边框和底纹"对话框，如图 3-56 所示。

（3）在"边框"选项卡中设置合适的边框类型、线型和线宽，如图3-56所示；在"底纹"选项卡中设置合适的底纹图案和颜色，如图 3-57 所示。

（4）单击"确定"按钮，即完成边框和底纹的设置。

2. 跨页表格设置重复标题

对于跨页的表格，Word 2010 可以在后续页中设置重复表格标题，具体操作如下：

（1）在表格中选定将要作为标题行的表格行。

（2）单击"表格工具"的"布局"功能区的"数据"组中的"重复标题行"按钮，当这个表格跨页时，Word 2010 就会自动在下一页的表格首行重复该标题。

第四节　Word 2010 的表格操作

图 3-56　"边框"选项卡

图 3-57　"底纹"选项卡

　　制作课程表

1．编辑标题

启动 Word 2010，在文档中输入"课程表"，并将其选中。在"开始"功能区的"字体"组中的"字体"下拉列表框中选择"隶书"，在"字号"下拉列表框中选择"小二"号字。在"段落"组中单击"居中"按钮。

2．插入表格

单击"插入"功能区的"表格"组中的"表格"按钮，在下拉列表中选择"插入表格"命令，在弹出的"插入表格"对话框中选择"列数"为"7"，"行数"为"10"，单击"确定"按钮，将表格插入到标题下。

3．改变表格样式

在"表格工具"的"设计"功能区的"表格样式"组中选择一个样式，如选择第四个样式，如图 3-58 所示。其表格效果如图 3-59 所示。

图 3-58　选择表格样式

4．修改单元格对齐方式

保持整个表格的选定状态。单击"表格工具"的"布局"功能区，在对齐方式中单击"水平居中"，将表格所有单元格的对齐方式设定为"水平居中"。

5．绘制表头

选中第一行的第一列和第二列，在"表格工具"的"布局"功能区中单击"合并单元格"按钮，将这两个单元格合并，并调整行宽。在"表格工具"的"设计"功能区，单击"绘制表

105

格"按钮。这时,光标变为画笔状。移动光标到表格左上角按下鼠标左键不放,向右下拖动到这个单元格的右下角松开鼠标左键。第一个单元格就会出现一条斜线。再次单击"绘制表格"按钮放弃选定这个功能,如图3-60所示。

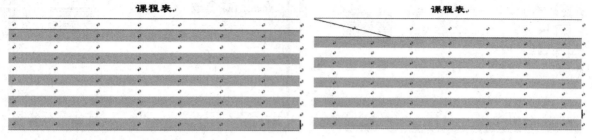

图3-59　表格样式效果　　　　　　　　图3-60　绘制表头

6. 合并单元格

将光标移动到第六行的左侧,单击鼠标左键将整行选中。在"表格工具"的"布局"功能区中单击"合并单元格"按钮,将整个第六行合并为一个单元格。以同样的方法合并第一列的第二行到第五行以及第一列的第七行到第十行。

7. 改变边框风格

将鼠标移动到表格左上角的十字方块处,待光标变为十字箭头时单击鼠标左键,将整个表格选中。单击"开始"功能区的"段落"组中的框线按钮右侧的下拉按钮,在下拉列表中选择"所有框线",此时表格边框效果如图3-61所示。

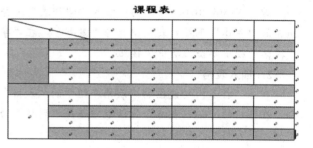

图3-61　设置表格边框

8. 输入文字

在设计好的表格中输入当前学期的课程,如图3-62所示。

课程表

时间	星期	星期一	星期二	星期三	星期四	星期五
上午	8:00~8:45	大学语文	大学英语		马哲	大学语文
	9:00~9:45	大学语文	大学英语		马哲	大学语文
	10:00~10:45		体育			
	11:00~11:45		体育			
午休						
下午	13:00~13:45	高等数学			数据结构	
	14:00~14:45	高等数学			数据结构	
	15:00~15:45		计算机基础			高等数学
	16:00~16:45		计算机基础			高等数学

图3-62　输入文字

第五节　Word 2010 图文混排

Word 具有很强的图文混排功能，图形可以插入到文档的插入点位置，成为文本层的内容，也可以置于文档的绘图层中，使插入图形浮于文字上方或置于文字下方，还可以将图形与文本之间设置成环绕关系等。另外，图形之间又具有相互叠放关系，可以随用户需要改变叠放次序。图文混排功能使得文档更加丰富多彩。

 图形操作

Word 提供了一套绘制图形的工具，利用它可以自行绘制线条、箭头、矩形、流程图、星与旗帜、标注图等图形，还可以将它们组合成更加复杂的图形。只有在页面视图或 Web 版式视图方式下，才能绘制或修改图形；否则，在插入图形时，Word 将自动切换到页面视图。

1. 绘制图形

在 Word 2010 中可以直接绘制图形对象，其具体操作如下：

（1）在"插入"功能区的"插图"组中单击"形状"按钮，在下拉列表中选择需要绘制的形状。

（2）当把鼠标指针移到文档工作区时，鼠标指针变成"十"字形，按住鼠标左键进行拖动，当大小、方向合适时，松开鼠标左键，即完成图形对象的绘制。绘制的图形默认为浮于文字上方。

2. 编辑图形

如需要修饰图形，选中该图形后，使用"绘图工具"的"格式"功能区中的按钮进行设置即可，如图 3-63 所示。

图 3-63　"格式"功能区

（1）选中图形后，在"绘图工具"的"格式"功能区的"插入形状"组中单击"编辑形状"按钮，如图3-64所示，显示下拉列表。选择"更改形状"命令，可在级联列表中选择具体形状替换当前图形形状；选择"编辑顶点"命令，可拖动图形的控制点改变图形的形状，拖动旋转控制点（绿色的圆点）可以自由地旋转图形。

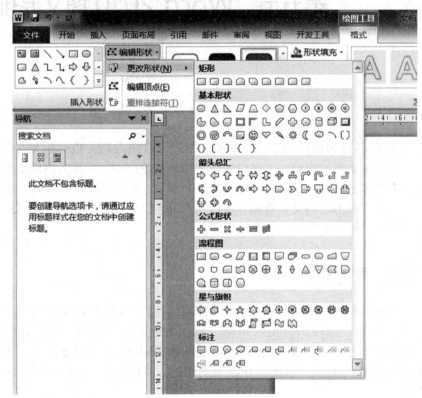

图3-64　"插入形状"组

（1）若为"线条"类的图形，单击"形状样式"组中的"设置形状格式"按钮，在展开的"设置形状格式"对话框中选择样式。单击"形状轮廓"按钮，指定形状轮廓的颜色、粗细、线形和箭头。单击"形状效果"按钮，应用外观效果（如阴影、发光、映像或三维旋转）。

（2）若为"矩形、三角形、圆、箭头、流程图、星与旗帜"类具有封闭区域的形状。在以上的设置都有效的基础上，还可以单击"形状样式"组中的"形状填充"按钮，使用纯色、渐变、图片或纹理填充形状。

（3）若为"文本框"类具有封闭区域和内部文字的形状。在以上的设置都有效的基础上，还可以单击"文本"组中的"文字方向"按钮，设置文字为横排或竖排；单击"对齐文本"按钮，更改文本框中的文字以顶端、中部或底端对齐；单击"创建链接"按钮，将此文本框链接到另一个文本框，使文本在其间传递。

3．在图形上添加文字

在一些图形上可以添加文字，具体操作如下：

选中图形，单击鼠标右键，在弹出的快捷菜单中选择"添加文字"命令，输入文字内容。例如，在"爆炸形"上添加"开始"字样，效果如图 3-65 所示。

图 3-65　添加"开始"字样

4．图形布局设置

对于插入到文档中的图形，可以进行位置移动操作，还可以进行图片和正文之间的环绕关系设置。

（1）移动、复制图形。当鼠标指针指向图形对象，指针形状变成"十"字形箭头时，拖动鼠标可以移动图形对象；若同时按下 Ctrl 键，可复制图形对象。

（2）设置图片和正文之间的环绕关系。在图形上单击鼠标右键，在弹出的快捷菜单中选择"其他布局选项"命令，打开"布局"对话框，如图 3-66 所示。在"位置"选项卡中可以设置图形在页面中的水平和垂直对齐方式等。单击"文字环绕"标签，在"文字环绕"选项卡中可以进行图形与文字之间环绕方式的设置，如图 3-67 所示。

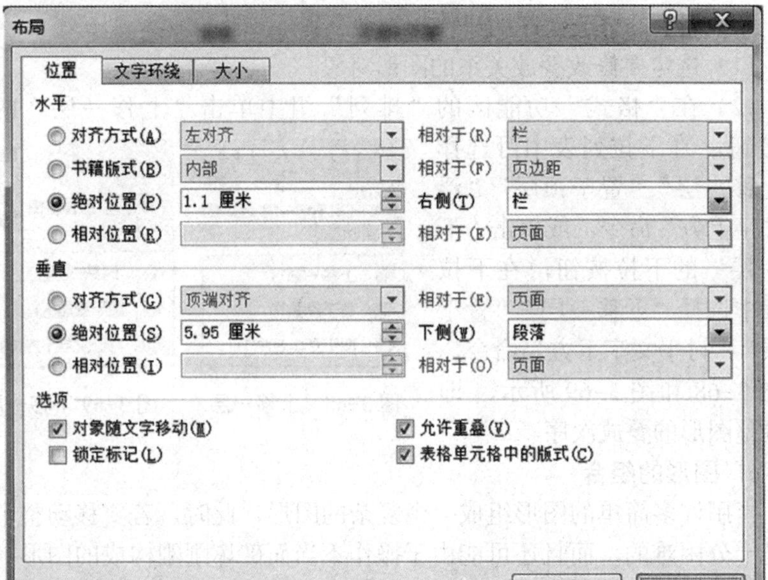

图 3-66　"位置"选项卡

5．调整图形的叠放次序

Word 文档可分成文本层、绘图层和文本层之下的层。

（1）文本层：该层是用户在处理文档时所使用的层。

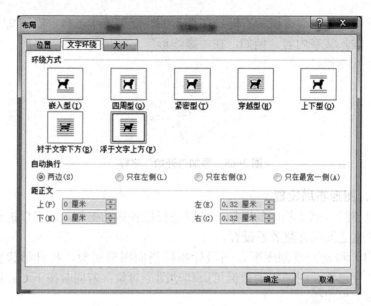

图 3-67 "文字环绕"选项卡

（2）绘图层：该层一般在文本层之上。建立图形对象时，Word 可以让图形对象放在该层上，产生图形浮于文本之上的效果。

（3）文本层之下的层：可以把图形对象放在该层，产生图形衬于文本之下的效果。

调整图形的叠放次序的具体操作如下：

（1）选定要修改叠放关系的图形对象。

（2）在"格式"功能区的"排列"组中单击"上移一层"的下拉按钮，在下拉列表中可选择"上移一层""置于顶层""浮于文字上方"命令，或单击"下移一层"的下拉按钮，在下拉列表中选择"下移一层""置于底层""衬于文字下方"命令，如图 3-68 和图 3-69 所示，即可调整图形的叠放次序。

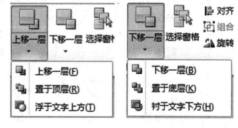

图 3-68 上移一层　　图 3-69 下移一层

6. 图形的组合

当用许多简单的图形组成一个复杂的图形，此时，若要移动整个图形是十分困难的，而且还可能由于操作不当而破坏刚刚构成的图形。为此，Word 2010 提供了将多个图形组合的功能。利用组合功能可以将许多简单图形组合成一个整体的图形对象，以便图形的移动和旋转。组合图形的操作步骤如下：

（1）单击多个图形中的某一个，按住 Shift 键不放，用鼠标逐个单击其他图形，直到这些图形都被选中。

（2）在选中的图形上单击鼠标右键，在弹出的快捷菜单中选择"组合"→"组合"命令，这时，被选中的图形就会组合成一个整体。

二 插入图片、艺术字和公式

1．插入剪贴画

Word 2010 的剪辑库中包含了大量的图片，可以很方便地将它们插入到文档中，具体操作如下：

（1）将插入点置于文档中要插入剪贴画的位置。

（2）在"插入"功能区的"插图"组中选择"剪贴画"命令，Word 窗口右边出现"剪贴画"窗格，如图 3-70 所示。

（3）在"剪贴画"窗格中"搜索文字"框内输入剪贴画名称，在"结果类型"中选择媒体类型，单击"搜索"按钮，显示查询到的剪贴画列表。

（4）单击所需要的剪贴画即可插入到文档中。

2．插入图形文件

Word 2010 可以直接插入许多通用的图形文件，如位图、图元文件、JPEG 文件等，具体操作如下：

（1）将插入点置于要插入图形对象的目标位置。

（2）在"插入"功能区"插图"组中单击"图片"按钮，打开"插入图片"对话框，如图 3-71 所示。

图 3-70　"剪贴画"窗格

图 3-71　"插入图片"对话框

(3) 在"插入图片"对话框中查找并选择需要插入的图形对象，单击"插入"按钮即完成图形文件的插入。

3. 插入艺术字

插入艺术字的具体操作如下：

(1) 在"插入"功能区的"文本"组中单击"艺术字"按钮，将显示艺术字样式列表。

(2) 选择一种艺术字样式，文档中出现"请在此放置您的文字"艺术字编辑区域，在此区域中可以编辑文字。

(3) 选中艺术字，使用"绘图工具"的"格式"功能区的命令可对艺术字进行设置，以达到想要的艺术效果，如图 3-72 所示。

图 3-72　艺术字设置

4. 插入公式

Word 2010 提供了公式工具，使用它可以方便地在文档中加入各种数学符号并编辑各种数学表达式。具体操作如下：

(1) 将插入点置于要插入公式的位置。

(2) 在"插入"功能区的"符号"组中单击"公式"按钮，或单击"公式"的下拉按钮，在下拉列表中选择"插入新公式"命令，此时，在文档插入点位置处出现"在此处键入公式"提示。

(3) Word 文档进入公式编辑状态，可使用"设计"功能区的公式编辑按钮，完成公式编辑，如图 3-73 所示。

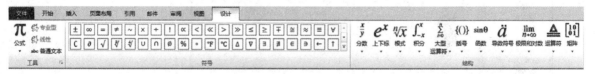

图 3-73　公式编辑按钮

(4) 对于一些常用的公式，如二次公式、二项式定理、傅里叶级数、勾股定理、和的展开式、三角恒等式、泰勒展开式、圆的面积等，可以直接使用 Word 内置公式插入，单击"插入"功能区的"符号"组中的"公式"下拉按钮，即可选择相应公式，如图 3-74 所示。

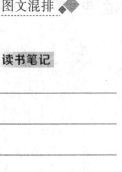

图 3-74 常用公式

实训

插入公式：

（1）在"插入"功能区的"符号"组中单击"符号"按钮，在"设计"功能区的"结构"组中选择适合的"积分"按钮，如图 3-75 所示。

（2）在"公式编辑框"内输入上标 2 和下标 –2，如图 3-76 所示。

（3）选择图 3-76 中所示的方框，在"设计"功能区的"结构"组中选择适合的"分数"按钮，如图 3-77 所示。

（4）在分子中输入"x+"，在"设计"功能区的"结构"组中选择适合的方括号，如图 3-78 所示，在方括号中输入"x"。

（5）在分母中输入"2+"，在"设计"功能区的"结构"组中选择"上标"按钮，如图 3-79 所示。在"底数和指数框"中分别输入"x"和"2"，如图 3-80 所示。

（6）在"设计"功能区的"结构"组中单击"积分"按钮，向下拖动滑块，选择"微分"中的"dx"按钮，如图 3-81 所示，即完成公式的输入。

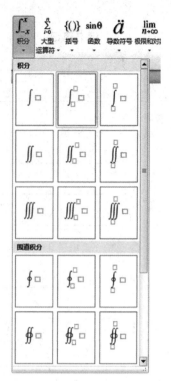
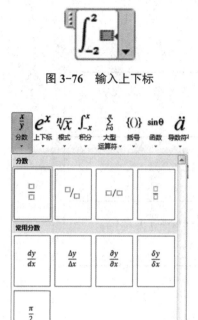

图 3-76　输入上下标

图 3-75　"积分"按钮　　　　图 3-77　"分数"按钮　　　　图 3-78　"括号"按钮

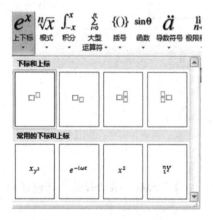
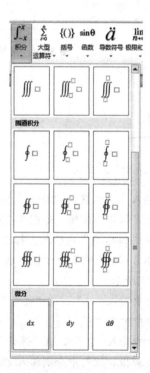

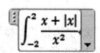

图 3-79　"上下标"按钮

图 3-80　输入分子和分母　　　　图 3-81　"微分"按钮

第六节　Word 2010 的其他功能

一　模板和样式

1. 模板

模板是 Word 文档的样板文件。Word 2010 提供了许多模板文件，供用户在创建文档时选用，具体操作如下：

（1）选择"文件"→"新建"命令，窗口显示"可用模板"页面，如图 3-6 所示。在该页面中显示了可供选择的模板或模板组。

（2）选择模板组，如选择"样板模板"，则将在新页面中列出更多的模板，如图 3-82 所示。

（3）选择一个模板，单击"创建"按钮，即以该模板形式创建一个新文档，如图 3-83 所示为创建的"黑领结新闻稿"的模板样式。

图 3-82　样板模板

图 3-83　"黑领结新闻稿"模板样式

2. 样式

Word 2010 中有许多内置样式，每个样式都有名称，应用样式可将其包含的格式全部应用于指定文本。在"开始"功能区的"样式"组中，单击"样式"按钮，将打开"样式"窗格，如图 3-84 所示，可在其中选择样式。其具体操作方法可分为：指定要应用样式的文字或段落，在"开始"功能区的"样式"组中或"样式"窗格中选择适当的样式，这时所选择的对象就具有样式的格式了。

用户也可新建样式，具体操作如下：

（1）在"开始"功能区的"样式"组中，单击"样式"按钮 ，打开"样式"窗格，在窗格中单击左下角的"新建样式"按钮 ，打开"根据格式设置创建新样式"对话框，如图 3-85 所示。

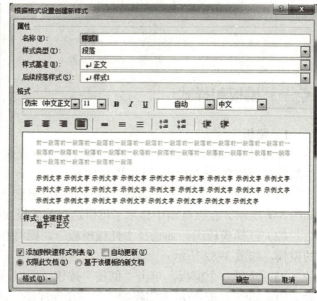

图 3-84　样式　　　　　图 3-85　"根据格式设置创建新样式"对话框

（2）在"名称"文本框中为新建的样式取名称，并对"样式类型""样式基准""后续段落样式"进行设置。

（3）单击"格式"按钮，可对字体、段落、制表位、边框、语言、图文框、编号、快捷键、文字效果进行设置。

（4）单击"确定"按钮，完成样式的创建。

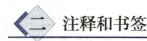
注释和书签

1．注释

注释是指对文档中词语的解释，根据解释文本的位置可分为"脚注"和"尾注"。脚注位于当前页面的底部或指定文字的下方；而尾注则位于文档的结尾处或者指定节的结尾。脚注和尾注都是用一条短横线与正文分开的。在文档中插入脚注或尾注的具体操作如下：

（1）将插入点放置在要加注释的词语后。

（2）在"引用"功能区的"脚注"组中单击"脚注和尾注"按钮，打开"脚注和尾注"对话框，如图 3-86 所示。

(3)根据注释位置实际要求，选择"脚注"或"尾注"单选按钮，在右边的下拉列表中选择脚注或尾注内容的显示位置。选择"编号格式"列表中的项目，可使 Word 自动对注释进行编号；选择"自定义标记"，用户可以输入自己需要的标记字符，但 Word 不会对自定义的引用标记重新编号。

(4)单击"确定"按钮，Word 将插入注释引用标记，同时插入点转到脚注或尾注的实际显示位置，用户输入注释内容即可。

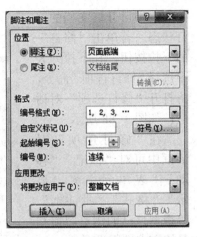

图 3-86 "脚注和尾注"对话框

(5)插入脚注或尾注后，不必向下滚到页面底部或文档结尾处，只需将鼠标指针停留在文档中的脚注或尾注引用标记上，注释文本就会出现在屏幕提示中。

(6)要删除脚注或尾注，只需要删除正文中的脚注或尾注的编号即可。

2．书签

Word 书签是指对选定的文本、图形、表格以及其他项目的一种特定标记。定义书签的具体操作如下：

(1)选定要标记的项目，如文本、图形或表格等。

(2)在"插入"功能区的"链接"组中单击"书签"按钮，弹出"书签"对话框，如图 3-87 所示。

(3)在"书签名"文本框中输入书签名，书签名必须以字母开头，由字母、数字和下划线组成，单击"添加"按钮，即定义了一个书签。

若要在文档中找到书签所在的位置，可在图 3-87 所示的"书签"对话框中选中要查找的书签名，然后单击"定位"按钮。

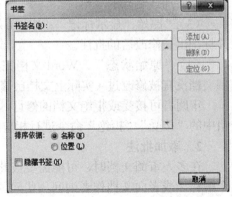

图 3-87 "书签"对话框

 审阅与修订文档

1．修订

当用户在修订状态下修改文档时，Word 应用程序将跟踪文档中所有内容的变化状态，同时会将用户在当前文档中修改、删除、插入的每一项内容标记下来。在"审阅"功能区的"修订"组中单击"修订"

按钮,即可开启文档的修订状态。若单击"修订"的下拉按钮,在下拉列表中选择"修订选项"命令,将打开"修订选项"对话框,如图 3-88 所示。

在"修订选项"对话框中可对"标记""移动""表单元格突出显示""格式""批注框"等根据自己的浏览习惯和具体需求进行设置。

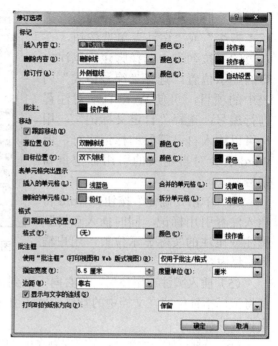

图 3-88　"修订选项"对话框

文档内容修订完成以后,审阅文档时可选择显示修订的状态。在"审阅"功能区的"修订"组中,单击"显示已供审阅"的下拉按钮,在下拉列表中有以下四种选择:

(1)"最终:显示标记":Word 默认的修订状态是"最终显示标记"状态,其显示的是被修改过之后的状态,带有修改痕迹。

(2)"最终状态":Word 文档显示被修改后的"完美"状态,不会显示添加或删除的"痕迹"。

(3)"原始:显示标记":Word 文档会显示出没修改之前的状态,并标记出被修改后的批注。

(4)"原始状态":Word 文档完美显示文档没修改前的状态,仿佛文档没有被修改过(实际上文档已修改,只是查看方式为原始状态)。

审阅者可接受或拒绝文档的修订,可通过"审阅"功能区的"更改"组中的"接受""拒绝"命令进行相应的操作。

2. 添加批注

在多人审阅文档时,可能需要彼此之间对文档内容的变更状况作一个解释,或者向文档作者询问一些问题,这时就可以在文档中添加"批注"信息。"批注"并不是在原文的基础上进行修改,而是在文档页面的空白处添加相关的注释信息,并用有颜色的矩形框括起来。在"审阅"功能区的"批注"组中,单击"新建批注"按钮,即可输入批注信息。

如果要删除某一条批注信息,可以选中该批注,单击鼠标右键,在快捷菜单中选择"删除批注"命令。如果要删除文档中所有批注,则选中任意批注信息,在"审阅"功能区的"批注"组中,选择"删除"→"删除文档中的所有批注"命令。

当文档被多人修订或审批后,用户可以在"审阅"功能区的"修订"

组中,选择"显示标记"→"审阅者"命令,在显示的列表中将显示出所有对该文档进行过修订或批注操作的人员名单。可以通过勾选审阅者姓名,查看不同人员对本文档的修订或批注意见。

四 创建文档目录

目录通常是长文档不可缺少的一项内容,它列出了文档中的各级标题及其所在的页码,便于文档阅读者快速查找到所需内容。

1. 编制目录

Word 2010 可以将具有大纲级别或标题样式的段落内容通过自动生成目录操作形成目录。因此,在生成目录之前,应先将正文中相关的章节标题内容按照用户生成目录的层次要求设置成大纲级别或标题样式。生成目录的具体操作如下:

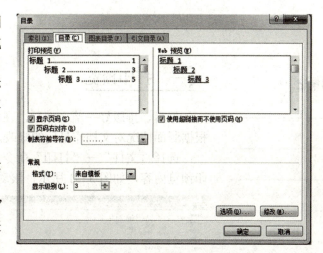

(1)将插入点置于希望放置目录的位置。

(2)在"引用"功能区的"目录"组中单击"目录"按钮,在下拉列表中选择"插入目录命令",打开"目录"对话框,如图 3-89 所示。

图 3-89 "目录"对话框

(3)勾选"显示页码"复选框,将在目录中显示各个章节标题的起始页码。

(4)勾选"页码右对齐"复选框,可将页码设置为右对齐。

(5)在"制表符前导符"下拉列表中可选择页码前导连接符号。

(6)在"常规"区域中的"格式"下拉列表中可选择目录样式,在"显示级别"文本框中可设置要显示的标题级别数或大纲级别数。

(7)勾选"使用超链接而不使用页码"复选框,则在 Web 版式视图中的目录将以超链接形式显示标题,并且不显示页码。单击这些超链接可以直接跳转到相应的标题内容。

(8)设置完毕后,单击"确定"按钮,则自动生成目录。

2. 更新目录

如果用户在创建好目录后,又添加、删除或更改了文档中的标题或其他目录项,可以按照以下操作更新文档目录:

(1)在"引用"功能区的"目录"组中单击"更新目录"按钮,打开"更新目录"对话框,如图 3-90 所示。

(2)在对话框中可选择"只更新页码"或"更新整个目录"单选按钮,选择完成后,单击"确定"按钮,即可按照指定要求更新目录。

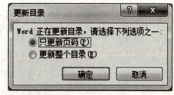

图 3-90 "更新目录"对话框

第七节　Word 2010 打印文档

 打印预览

编辑、排版好一篇文档后，在实际打印之前，可先进行打印预览，根据版面情况对文档作最后的修改，具体操作如下：

选择"文件"→"打印"命令，在打开的"打印"窗口右侧就是打印预览内容，如图 3-91 所示，滚动鼠标可以进行上下逐页预览。

图 3-91　打印预览

 打印文档

在图 3-91 所示的窗口中，包含了"打印""打印机""设置"三个打印选项区域，用户可对打印方式进行设置。

（1）在"份数"文本框中可设置打印文稿的份数。
（2）在"打印机"下拉列表中可选择使用的打印机。
（3）在"打印所有页"下拉列表中可选择打印的范围。

（4）在"单面打印"下拉列表中可选择"单面"或"双面"打印。
（5）在"调整"下拉列表中可选择是逐份打印还是逐页打印够数量。
（6）在"纵向"下拉列表中可选择是"纵向"打印还是"横向"打印。
（7）在"A4"下拉列表中可选择纸张大小。
（8）在"正常边距"下拉列表中可选择边距大小。
（9）在"每版打印1页"下拉列表中可以设置每版打印的页数。

打印参数设置完成后，单击"打印"按钮，Word 就会按设置要求输出到打印机，进行打印作业。

本章小结

本章主要介绍了 Word 2010 文字处理软件的基本功能、编辑操作方法。

Word 2010 是 Microsoft 公司开发的 Office 2010 办公组件之一，主要用于文字处理工作。Word 2010 窗口主要由标题栏、快速访问工具栏、"文件"选项卡、功能区、标尺、工作区、滚动条、状态栏等组成。Word 2010 可以让用户选择文档内容的不同窗口显示方式，即视图。Word 2010 提供了 5 种视图形式，包括页面视图、阅读版式视图、Web 版式视图、大纲视图和草稿视图。在 Word 2010 窗口中，可以放大或缩小比例显示文档内容，改变显示比例对文档的实际打印输出没有任何影响。为了美化文档版面，需要对输入的内容进行修饰语排版操作。Word 2010 提供了丰富的排版功能，许多常用命令都以工具按钮的形式呈现在窗口中，可以用鼠标单击进行操作，十分便捷。有些功能无法通过工具按钮实现，只能使用"对话框"来完成。排版文档主要包括对选定的文字进行格式设置、对指定段落进行格式设置和对文档进行页面设置等操作。Word 的表格结构是由行、列组成的，一行和一列的交叉处是一个单元格，表格的信息包含在各个单元格中，并且可以在单元格中输入文本、图形以及其他对象。Word 具有很强的图文混排功能，图形可以插入到文档的插入点位置，成为文本层的内容，也可以置于文档的绘图层中，使插入图形浮于文字上方或置于文字下方，还可以将图形与文本之间设置成环绕关系等。另外，图形之间又具有相互叠放关系，可以随用户需要改变叠放次序。Word 2010 提供了许多模板文件，供用户在创建文档时选用。Word 2010 中有许多内置样式，每个样式都有名称，应用样式可将其包含的格式全部应用于指定文本。当用户在修订状态下修改文档时，Word 应用程序将跟踪文档中所有内容的变化状态，同时会将用户在当前文档中修改、删除、插入的每一项内容标记下来。在多人审阅文档时，可能需要彼此之间对文档内容的变更状况作一个解释，或者向文档作者询问一些问题，这时就可以在文档中添加"批注"信息。编辑、排版好一篇文档后，在实际打印之前，可先进行打印预览，根据版面情况对文档作最后的修改，满意后即可进行打印。

课后习题

上机操作:

1. 操作练习 1

(1) 启动 Word 2010,输入下面文字,命名为"张家界.docx"并存放到"我的文档"中。

张家界

张家界是湖南省辖地级市,原名大庸市,辖 2 个市辖区(永定区、武陵源区)、2 个县(慈利县、桑植县)。位于湖南西北部,澧水中上游,属武陵山区腹地。张家界因旅游建市,是中国最重要的旅游城市之一,是湘鄂渝黔革命根据地的发源地和中心区域。

1982 年 9 月,张家界国家森林公园成为中国第一个国家森林公园。

1988 年 8 月,张家界武陵源风景名胜区被列入国家重点风景名胜区;1992 年,由张家界国家森林公园等三大景区构成的武陵源风景名胜区被联合国教科文组织列入《世界自然遗产名录》;2004 年 2 月,被列入全球首批《世界地质公园》;2007 年,被列入中国首批国家 5A 级旅游景区。2017 年,被授予"国家森林城市"荣誉称号。

武陵源风景名胜区拥有世界罕见的石英砂岩峰林峡谷地貌,由中国第一个国家森林公园——张家界国家森林公园和天子山自然保护区、索溪峪自然保护区、杨家界四大景区组成,风景游览区面积 264.6 平方公里,是我国首批入选的世界自然遗产、世界首批地质公园、国家首批 5A 级旅游景区。"武陵之魂"天门山国家森林公园、"世界罕见的物种基因库"八大公山国家级自然保护区、道教圣地"南武当"五雷山、"百里画廊"茅岩河、万福温泉等景区也是景色秀美、风光独特。贺龙故居、湘鄂川黔革命根据地省委旧址是全国重点文物保护单位,普光禅寺、玉皇洞石窟群、老院子等 8 处人文古迹是省级重点文物保护单位。

(2) 对文本进行格式编排,具体要求如下:

设置纸张大小为 A4,左、右边距分别为 2 厘米,标题设置为"标题 1"样式,居中对齐,并将字体设置为"华文中宋",字符间距设置为"加宽",磅值为"5 磅"。将正文设置为"楷体""四号字",字符间距为"1 磅",正文首行缩进 2 字符,正文行间距为 1.5 倍行距。标题与正文间距为 3 行。

(3) 任选一幅关于张家界的图片插入到文档中,设置为"四周型环绕"。

(4) 完成文档设置效果如图 3-92 所示。

图 3-92 操作练习 1

2．操作练习 2

（1）打开素材中的“Word 2010 简介草稿 .docx”，在文本的最前面插入一行标题：Word 2010 简介，并保存文件为“Word 2010 简介 .docx”。将标题设置为“标题 2”样式，居中。将“Word 2010”设置为红色、倾斜，将“简介”设置为“二号”字。

（2）将正文设置为首行缩进两个字。

（3）将第一段第一行中的“文字处理工作”设置为“小四”号字，并加上边框线。

（4）将第二段第一行中的“传统的菜单和工具栏已被功能区所代替”加上下划线。

（5）在文档的第二段后另起一段输入以下内容：

Word 的功能区通常包括“开始”“插入”“页面布局”“引用”“邮件”“审阅”“视图”“开发工具”等选项卡。

将输入的这段文字分成两栏，第一栏的栏宽为 7 个字符，中间加分隔线。

（6）将第四段至第十一段加上菱形的项目符号。

（7）完成文档设置效果如图 3-93 所示。

Word 2010 **简介**

Word 2010 是 Microsoft 公司开发的 Office2010 办公组件之一，主要用于文字处理工作。

Word 2010 旨在向用户提供最上乘的文档格式设置工具，利用它还可更轻松、高效地组织和编写文档，并使这些文档唾手可得，无论何时何地灵感迸发，都可捕获这些灵感。

在 Word 2010 中，传统的菜单和工具栏已被功能区所代替。功能区是一种全新的设计，它以选项卡的方式对命令进行分组和显示。

Word 的功能区通常包括“开始”“插入”“页面布局”“引用”“邮件”“审阅”“视图”“开发工具”等选项卡。

- ◆ “开始”功能区。“开始”功能区中包括剪贴板、字体、段落、样式和编辑这 5 个组。该功能区主要用于帮助用户对 Word 2010 文档进行文字编辑和格式设置，是用户最常用的功能区。
- ◆ “插入”功能区。“插入”功能区包括页、表格、插图、链接、页眉和页脚、文本、符号和特殊符号几个组，主要用于在 Word 2010 文档中插入各种元素。
- ◆ “页面布局”功能区。“页面布局”功能区包括主题、页面设置、稿纸、页面背景、段落、排列几个组，用于帮助用户设置 Word 2010 文档的页面样式、段落格式等。
- ◆ “引用”功能区。“引用”功能区包括目录、脚注、引文与书目、题注、索引和引文目录几个组，用于实现在 Word 2010 文档中插入目录或其他比较高级的功能。
- ◆ “邮件”功能区。“邮件”功能区包括创建、开始邮件合并、编写和插入域、预览结果和完成几个组。该功能区的作用比较专一，专门用于在 Word 2010 文档中进行邮件合并方面的操作。
- ◆ “审阅”功能区。“审阅”功能区包括校对、语言、中文简繁转换、批注、修订、更改、比较和保护这几个组，主要用于对 Word 2010 文档进行校对和修订等操作，适用于多人协作处理 Word 2010 的长文档。
- ◆ “视图”功能区。“视图”功能区包括文档视图、显示、显示比例、窗口和宏几个组，主要用于帮助用户设置 Word2010 操作窗口的视图类型，以方便操作。
- ◆ “开发工具”功能区。“开发工具”功能区提供了大量的指令及其它加载项，用户可以通过这些指令加载项对文档内容、操作、输入等进行控制。

图 3-93 操作练习 2

3．操作练习 3

（1）打开素材中的“福草稿”，这时纸张大小为 A4，上下页边距为 2.8 厘米，左右页边距为 2.2 厘米，并保存为“福 .docx”。

（2）设置标题为“黑体、小初、加粗、居中”。

（3）设置第一段为“楷体、小四、首字下沉”，设置其他正文字体为“小四”。

（4）为第二段第一行的“古籀”设置尾注为“古籀是指古文与籀文的合称。”

（5）制作福字，并与正文混排。福字使用艺术字（第二行第二列，字体为华文行楷，字号为 72）与自选图形（菱形）。

（6）完成文档设置效果如图 3-94 所示。

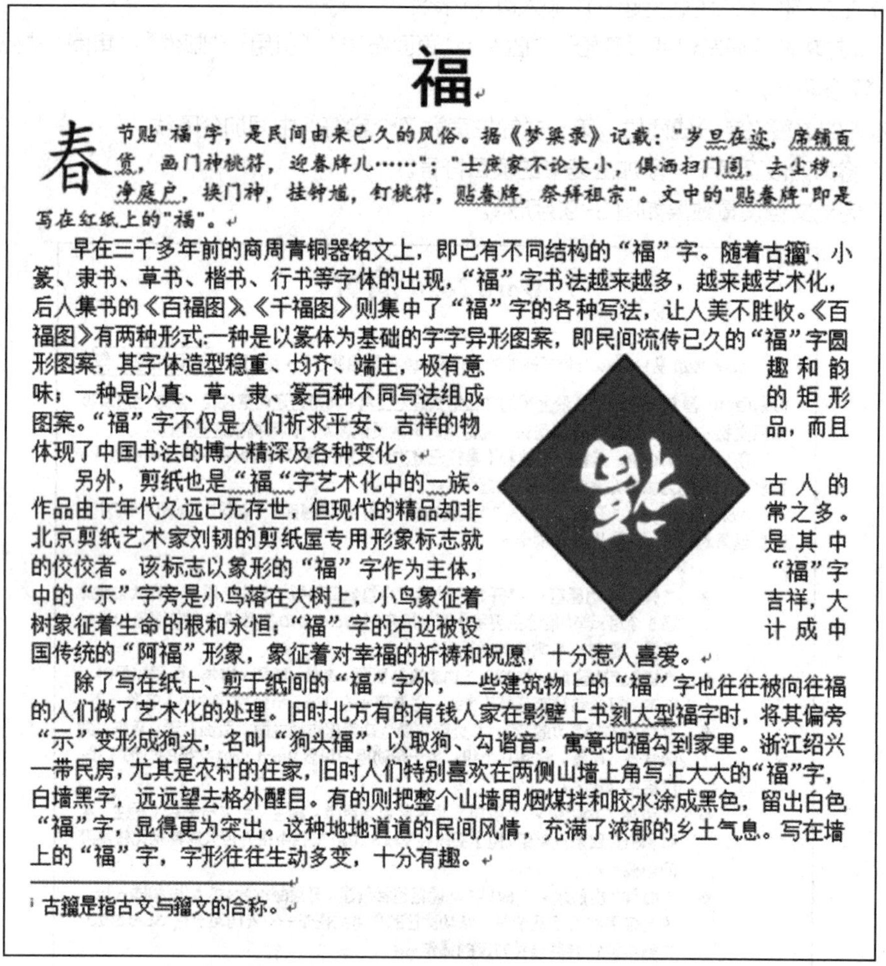

福

春节贴"福"字，是民间由来已久的风俗。据《梦粱录》记载："岁旦在迩，席铺百货，画门神桃符，迎春牌儿……"；"士庶家不论大小，俱洒扫门闾，去尘秽，净庭户，换门神，挂钟馗，钉桃符，贴春牌，祭拜祖宗"。文中的"贴春牌"即是写在红纸上的"福"。

早在三千多年前的商周青铜器铭文上，即已有不同结构的“福”字。随着古籀、小篆、隶书、草书、楷书、行书等字体的出现，“福”字书法越来越多，越来越艺术化，后人集书的《百福图》《千福图》则集中了“福”字的各种写法，让人美不胜收。《百福图》有两种形式：一种是以篆体为基础的字字异形图案，即民间流传已久的“福”字圆形图案，其字体造型稳重、均齐、端庄，极有意趣和韵味；一种是以真、草、隶、篆百种不同写法组成的矩形图案。“福”字不仅是人们祈求平安、吉祥的物品，而且体现了中国书法的博大精深及各种变化。

另外，剪纸也是“福“字艺术化中的一族。古人的作品由于年代久远已无存世，但现代的精品却非常之多。北京剪纸艺术家刘韧的剪纸屋专用形象标志就是其中的佼佼者。该标志以象形的“福”字作为主体，“福”字中的“示”字旁是小鸟落在大树上，小鸟象征着吉祥，大树象征着生命的根和永恒；“福”字的右边被设计成中国传统的“阿福”形象，象征着对幸福的祈祷和祝愿，十分惹人喜爱。

除了写在纸上、剪于纸间的“福”字外，一些建筑物上的“福”字也往往被向往福的人们做了艺术化的处理。旧时北方有的有钱人家在影壁上书刻大型福字时，将其偏旁“示”变形成狗头，名叫“狗头福”，以取狗、勾谐音，寓意把福勾到家里。浙江绍兴一带民房，尤其是农村的住家，旧时人们特别喜欢在两侧山墙上角写上大大的“福”字，白墙黑字，远远望去格外醒目。有的则把整个山墙用烟煤拌和胶水涂成黑色，留出白色“福”字，显得更为突出。这种地地道道的民间风情，充满了浓郁的乡土气息。写在墙上的“福”字，字形往往生动多变，十分有趣。

i 古籀是指古文与籀文的合称。

图 3-94 操作练习 3

第四章
Excel 2010 表格处理软件

学习目标

通过本章的学习，了解 Excel 2010 的基本功能和界面；掌握编辑工作簿、工作表，插入公式与函数，并进行数据管理与分析的方法，以及打印工作表的方法。

能力目标

能熟练应用 Excel 2010 的各种操作技巧对表格数据进行处理，并分析、统计出需要的数据进行打印、输出。

第四章 Excel 2010 表格处理软件

第一节 Excel 2010 概述

 Excel 2010 的基本功能

Excel 2010 是 Microsoft Office 套装软件中的一员，主要具有以下功能。

1. 工作表管理

Excel 2010 具有强大的电子表格操作功能，用户可以在计算机提供的巨大表格上，随意设计、修改自己的报表，并且可以方便地一次打开多个文件和快速存取它们。

2. 数据库的管理

Excel 2010 作为一种电子表格工具，对数据库进行管理是其最有特色的功能之一。工作表中的数据是按照相应行和列保存的，加上 Excel 2010 提供的相关处理数据库的命令和函数，使 Excel 2010 具备了组织和管理大量数据的能力。

3. 数据分析和图表管理

除可以做一般的计算工作外，Excel 2010 还以其强大的功能、丰富的格式设置选项、图表功能项为直观化的数据分析提供强大的手段，可以进行大量的分析与决策方面的工作，对用户的数据进行优化和资源的更好配置提供帮助。

Excel 2010 可以根据工作表中的数据源迅速生成二维或三维的统计图表，并对图表中的文字、图案、色彩、位置、尺寸等进行编辑和修改。

4. 对象的链接和嵌入

利用 Windows 的链接和嵌入技术，用户可以将其他软件制作的内容，插入到 Excel 2010 的工作表中，当需要更改图案时，只要在图案上双击鼠标左键，制作该图案的软件就会自动打开，进行修改、编辑后的图形也会在 Excel 2010 中显示出来。

5. 数据清单管理和数据汇总

可通过记录单添加数据，对清单中的数据进行查找和排序，并对查找到的数据自动进行分类汇总以及分离的数据进行合并计算等。

6．数据透视表

数据透视表中的动态视图功能可以将动态汇总中的大量数据收集到一起，可以直接在工作表中更改数据透视表的布局，交互式的数据透视表可以更好地发挥其强大的功能。

Excel 2010 的启动和退出

（一）Excel 2010 的启动

启动 Excel 2010 的常用方法有以下几种。

1．使用"开始"菜单中的命令

单击"开始"菜单，选择"所有程序"→"Microsoft Office"→"Microsoft Excle 2010"命令，即可启动 Excel 2010。

2．使用桌面快捷图标

如果在桌面上有 Excel 2010 的快捷方式图标，则双击该图标，即可启动 Excle 2010。

3．双击 Excel 格式文件

双击 Excel 格式的文件，即可自动启动 Excel 2010，并打开该文件。

4．通过快速启动栏启动

拖动桌面的 Excel 2010 快捷图标至快速启动栏中，以后只需单击快速启动栏中的 Excel 2010 图标即可。

（二）Excel 2010 的退出

退出 Excel 2010 的常用方法有以下几种：

（1）单击 Excel 2010 窗口右上角的关闭按钮。

（2）在 Excel 2010 的工作界面中按 Alt+F4 组合键。

（3）在 Excel 2010 的工作界面中，选择"文件"→"退出"命令。

（4）右击快速访问工具栏中的 Excel 2010 图标，在弹出的快捷菜单中选择"关闭"命令。

认识 Excel 2010 界面

Excel 2010 启动成功后，会自动创建文件名为"工作簿 1"的 Excel 工作簿。其界面如图 4-1 所示。

Excel 2010 窗口包括标题栏、快速访问工具栏、"文件"选项卡、功能区、单元格名称框、编辑栏、工作区、工作表切换区、状态栏等几个部分。其中，标题栏和"文件"选项卡是必须保留的，其他部分则可以根据用户的需要显示或隐藏起来。

Excel 2010 窗口的标题栏、快速访问工具栏、"文件"选项卡和状态栏与 Word 2010 中的类似，下面仅介绍功能区、单元格名称框、编辑栏、工作区和工作表切换区。

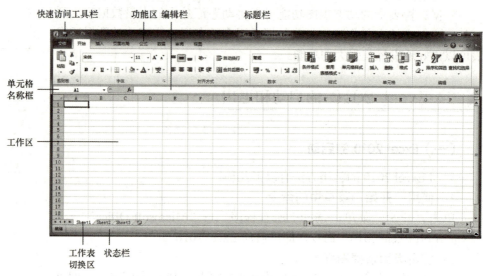

图 4-1　Excel 2010 窗口

1．功能区

Excel 2010 窗口的功能区与 Word 2010 窗口的类似，只是多了"公式"和"数据"功能区，少了"引用"和"邮件"功能区，以便于表格式数据的处理。

2．单元格名称框

单元格名称框用来显示单元格的名称。

3．编辑栏

编辑栏位于名称框的右侧，用户可以在选定单元格以后直接输入数据，也可以选定单元格后通过编辑栏输入数据。

4．工作区

工作区为 Excel 窗口的主体，是用来记录数据的区域，所有数据都将存放在这个区域中。

5．工作表切换区

位于文档窗口的左下底部，用于显示工作表的名称，初始为 Sheet1、Sheet2、Sheet3，单击工作表标签将激活相应工作表。用户可以通过滚动标签按钮来显示不在屏幕内的标签。

四　Excel 的基本概念

1．工作簿

一个 Excel 文件就是一个工作簿，工作簿名就是文件名。一个工作簿可以包含多个工作表，这样可使一个文件中包含多种类型的相关信息，用户可以将若干相关工作表组成一个工作簿，操作时不必打开多个文件，而直接在同一文件的不同工作表中方便地切换。每次启动 Excel 之后，它都会自动地创建一个新的空白工作簿，如工作簿 1。一个工作簿可以包含多个工作表，每一个工作表的名称在工作簿的底部以标签形式出现。例如，图 4-1 中的工作簿 1 由 3 个工作表组成，它们分别是 Sheet1、Sheet2 和 Sheet3，用户根据实际情况可以增减工作表和选择工作表。

2．工作表

在 Excel 中工作簿与工作表的关系就像日常的账簿和账页之间的关系一样，一个账簿可由多个账页组成。工作表具有以下特点：

（1）每一个工作簿可包含多个工作表，但当前工作的工作表只能有一个，叫作活动工作表；

（2）工作表的名称反映在屏幕的工作表标签栏中，白色为活动工作表名；

（3）单击任一工作表标签可将其激活为活动工作表；

（4）双击任一工作表标签可更改工作表名；

（5）工作表标签左侧有 4 个按钮，用于管理工作表标签，单击它们可分别看到第一张工作表标签，上一个工作表标签，下一个工作表标签，最后一个工作表标签。

3．单元格

单元格是组成工作表的最小单位，每个工作表中只有一个单元格为当前工作的，叫作活动单元格，屏幕上带粗线黑框的单元格就是活动单元格；活动单元格名在屏幕上的单元格名称框中反映出来。

每一单元格中的内容可以是数字、字符、公式、日期等，如果是字符，还可以是分段落的。

多个相邻的呈矩形的一片单元格称为单元格区域。每个区域有一个名字，称为区域名。区域名字由区域左上角单元格名和右下角单元格名中间加冒号"："来表示。例如，D3：F8 表示左上角 D3 单元格到右下角 F8 单元格的由 18 个单元格组成的矩形区域，如图 4-2 所示。若给 D3：F8 定义一个"test"的名字（在名称框中键入 test 然后按回车键，如图 4-2 所示），当需要引用该区域时，使用"test"和使用"D3：F8"的效果是完全相同的。

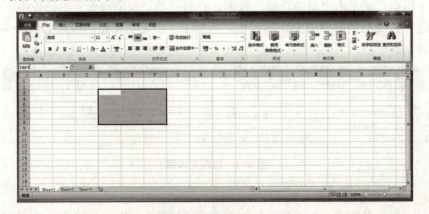

图 4-2　单元格区域

第二节　工作簿和工作表的基本操作

一、工作簿的基本操作

1. 创建工作簿文件

启动 Excel 2010 后，会自动创建一个名为"工作簿1"的空白工作簿文件，等待用户输入信息。若要创建另一个工作簿，可以选择"文件"→"新建"命令来创建，也可以根据模板来创建带有样式的新工作簿。

2. 打开工作簿文件

选择"文件"→"打开"命令，或者按 Ctrl+O 快捷键，打开"打开"对话框。选择要打开的工作簿文件，单击"打开"按钮即可打开该文件。

3. 保存工作簿文件

单击快速访问工具栏中的"保存"按钮，或者选择"文件"→"保存"（或"另存为"）命令，均可实现保存操作。

4. 隐藏工作簿

当在 Excel 中同时打开多个工作簿时，可以暂时隐藏其中的一个或几个工作簿，需要时再显示出来，具体操作如下：

切换到需要隐藏的工作簿窗口，在"视图"功能区的"窗口"组中单击"隐藏"按钮，如图 4-3 所示，当前工作簿就被隐藏起来。如要取消隐藏，则单击"取消隐藏"按钮，在打开的"取消隐藏"对话框中，选择需要取消隐藏的工作簿名称，再单击"确定"按钮即可，如图 4-4 所示。

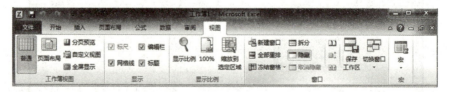

图 4-3　隐藏工作簿

5. 保护工作簿

当不希望他人对工作簿的结构或窗口进行改变时，可以设置工作簿保护，具体操作如下：

（1）打开需要保护的工作簿文档，在"审阅"功能区的"更改"组中单击"保护工作簿"按钮，打开"保护结构和窗口"对话框，如图4-5所示。

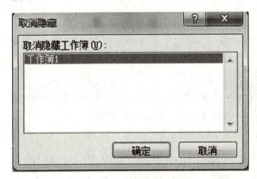

图4-4 "取消隐藏"对话框

图4-5 保护工作簿

（2）如果勾选"结构"复选框：将阻止他人对工作簿的结构进行修改，包括查看已隐藏的工作表，移动、删除、隐藏工作表或更改工作表的表名，插入新工作表，将工作表移动或复制到另一工作簿中等。

（3）如果勾选"窗口"复选框：将阻止他人修改工作簿窗口的大小和位置，包括移动窗口、调整窗口大小或关闭窗口等。

（4）在"密码"文本框中输入密码可防止他人取消工作簿保护。

（5）如果要取消对工作簿的保护，只需再次单击"审阅"功能区的"更改"组中的"保护工作簿"按钮。如果设置了密码，则在弹出的对话框中输入密码即可。

二、工作表的基本操作

1. 选择工作表

选择一个工作表，只要单击要选择的工作表标签即可，工作表标签变为白色即表示选中。要选择多个工作表时，应先按住 Ctrl 键，再逐个单击要选择的工作表标签即可。如果选择相邻的多个工作表，可以先选中第一个工作表标签，然后按住 Shift 键不放，再单击最后一个工作表标签。如果要选择所有工作表，可在任一工作表标签上单击鼠标右键，在弹出的快捷菜单中选择"选定全部工作表"命令。

2. 插入工作表

插入工作表通常可以采用以下方法：

（1）在工作表切换区单击"插入工作表"按钮 ，如图4-6所示，将在最后一个工作表右侧添加一个工作表。

（2）选中一工作表标签，单击鼠标右键，在弹出的快捷菜单中选择"插入"命令，在弹出的"插入"对话框中选择"工作表"，如图4-7所示，单击"确定"按钮，即可在当前工作表的前面插入新的工作表。

第四章 Excel 2010 表格处理软件

图 4-6 "插入工作表"按钮

图 4-7 "插入"对话框

（3）在"开始"功能区的"单元格"组中单击"插入"下拉按钮，在下拉列表中选择"插入工作表"命令，也可在当前工作表的前面插入新的工作表。

3．重命名工作表标签

在 Excel 的工作簿中，所有的工作表默认以 Sheet1、Sheet2⋯命名。在实际工作中，通常要改为符合工作表内容的名称，具体操作如下：

双击要重新命名的工作表标签，或者选中工作表标签后单击鼠标右键，在弹出的快捷菜单中选择"重命名"命令，此时工作表标签的名字被反白显示。输入新名称，按 Enter 键确认，即完成重命名。

4．移动、复制工作表

在工作簿中移动工作表，具体操作如下：

选定要移动的一个或若干个工作表，按住鼠标左键进行拖动，在拖动的同时可以看到鼠标的箭头上多了一个文档的标记，同时在工作表切换区有一个黑色的三角标志指示着工作表被拖到的位置，在目标位置释放鼠标，即可改变工作表位置。

在工作簿中复制工作表的方法与在工作簿中移动工作表的方法相似，只是在拖动鼠标时，同时按住 Ctrl 键，到达目标后，先松开鼠标左键，再松开 Ctrl 键，即可复制工作表。复制工作表的标签名称为在原名称基础上加括号序号，以免重名。

5．删除工作表

选中要删除的工作表，在工作表标签上单击鼠标右键，在弹出的快捷菜单中选择"删除"命令，即可删除当前表。也可以在"功能区"的"单元格"组中单击"删除命令"的下拉按钮，在下拉列表中选择"删除工作表"命令。

如果要删除的工作表中包含数据，会弹出对话框提示"永久删除这些数据"，单击"删除"按钮即可。

6．设置工作表标签颜色

可以修改工作表的标签颜色，以便区别、突出显示各工作表，具体操作如下：

第二节 工作簿和工作表的基本操作

在要改变颜色的工作表标签上单击鼠标右键，在弹出的快捷菜单中选择"工作表标签颜色"，在其级联显示的调色板中选择颜色进行设定，如图4-8所示。

7. 拆分和冻结工作表

由于屏幕大小有限，工作表很大时，往往出现只能看到工作表部分数据的情况。如果希望比较对照工作表中相距甚远的数据，可将窗口分为几个部分，在不同窗口均可移动滚动条显示工作表的不同部分，这需要通过窗口的拆分来实现。

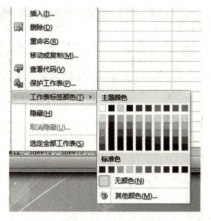

图4-8 设置工作表标签颜色

打开工作表，将光标定位到其中一个单元格H4，单击"视图"功能区的"窗口"组中的"拆分"按钮。此时系统自动以H4单元格为分界点将工作表分成4个窗格，同时显示水平和垂直拆分条，并且窗口的水平滚动条和垂直滚动条分别变成了两个，如图4-9所示。

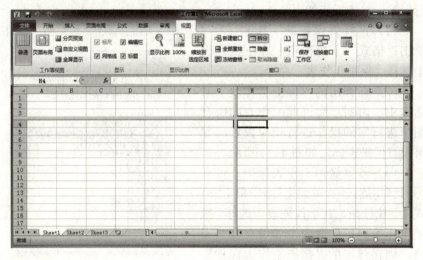

图4-9 拆分工作表

如果需要取消工作表的拆分状态，只需双击水平和垂直拆分条的交叉点即可。

如果需要在工作表滚动时保持行列标志或者其他数据可见，可以使用冻结功能，窗口中被冻结的数据区域不会随着工作表的其他部分一起移动，具体操作如下：

打开工作表，选中A4单元格，单击"视图"功能区的"窗口"组中的"冻结窗格"按钮，在打开的下拉菜单中选择"冻结拆分窗格"命令，此时A4单元格上方就会出现了一条直线，将上行冻结住，如图4-10所示。

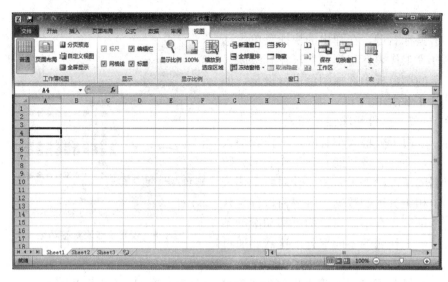

图 4-10　冻结工作表

8．保护工作表

有时，用户制作的表格不希望别人进行修改，这时就要对工作表进行保护，具体操作如下：

（1）选择要保护的工作表，在"开始"功能区的"单元格"组中单击"格式"下拉按钮，在下拉列表中选择"保护工作表"命令。

（2）在弹出的"保护工作表"对话框中，可对"允许此工作表的所有用户进行"的操作进行相应设置，并可设置保护密码，如图 4-11 所示。

（3）若要撤销工作表保护，可在"开始"功能区的"单元格"组中单击"格式"下拉按钮，在下拉列表中选择"撤销工作表保护"命令，如设有保护密码，则在弹出的"撤销工作表保护"对话框中输入密码，单击"确定"按钮即可。

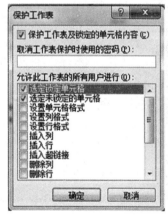

图 4-11　"保护工作表"对话框

第三节 编辑工作表

一 选定操作区域

（1）选定单个单元格。单击某一单元格即可选定。

（2）选定连续的多个单元格。先选取该区域左上角单元格，再拖动到右下角单元格，然后松开鼠标。被选取的区域以反向显示，但活动单元格仍为白底色，如图 4-2 所示。

（3）选定不连续的多个单元格。首先选取一个单元格或一个区域，再按住 Ctrl 键不放，继续选取其他单元格或区域。

（4）选定整行或整列。单击行标或列标即可完成整行或整列的选取。

（5）选定整个表格。单击工作区左上角的"全选框"按钮 或按 Ctrl+A 快捷键。

二 输入和修改数据

Excel 允许用户向单元格输入文本、数字、日期与时间、公式等，并且自行判断所输入的数据是哪一种类型，然后进行适当的处理。通常可以采用以下的方法进行数据的输入：

（1）单击要输入数据的单元格，然后直接输入数据。如该单元格中原先有数据，则采用此方法将直接用输入的数据替换原来的数据。

（2）双击单元格，将插入点置于单元格中，输入或编辑单元格内容。

（3）选定单元格，单击编辑栏，在编辑栏中输入或编辑单元格内容。

1. 输入字符型数据

在 Excel 中，字符型数据包括汉字、英文字母和空格等。在默认情况下，字符数据自动沿单元格左边对齐。在一个单元格中最多可以存放 32000 个字符。

当输入的字符串超出了当前单元格的宽度时，如果右边相邻单元格里没有数据，那么字符串会向右延伸；如果右边单元格有数据，超出的那部分数据就会隐藏起来，只有把单元格的宽度变大后才能显示出来。

有时，输入的字符串全部由数字组成，如邮政编码、电话号码、产品代号等。为了避免 Excel 将它按数值型数据处理，在输入时只要在数字前加上一个单撇号（如"'62457811"），Excel 就会把该数字作为字符型数据处理。

2．输入数值型数据

在 Excel 中，数值型数据包括 0～9、+、-、/、()、$、%、E、e 等符号。默认情况下，数值会自动沿单元格右边对齐。

通常情况下，输入的数值为正数，Excel 将忽略数字前面的正号（+）。如果要输入负数，在数字前加一个负号"-"，或者将数值置于括号内，如输入"-15"和"（15）"都可在单元格中得到"-15"。

要在单元格中输入分数形式的数据，应在编辑框中输入 0 和一个空格，然后再输入分数，否则 Excel 会将分数当作日期处理。如要输入 2/3，则在编辑框中输入"0 2/3"，按 Enter 键即可。

当数值长度超过单元格宽度时，在单元格中显示为科学计数法，如 1.1E+10；若显示不下时，以一串"#"号表示，但编辑框中仍保持原来输入的内容。

3．输入日期型和时间型数据

在输入日期和时间时，可以直接输入一般格式的日期和事件，也可以通过设置单元格格式输入多种不同类型的日期和时间。

输入日期时，在年月日之间用"/"或者"-"隔开。输入时间时，可以以时间格式直接输入，如输入"20∶20∶20"。在 Excel 中系统默认的是 24 小时制，如果想要按照 12 小时制，就应在输入的时间前面加上"AM"或"PM"来区分上、下午。

若要在单元格中同时输入日期和时间，先输入时间或先输入日期均可，中间用空格隔开。

输入的日期或时间在单元格中默认右对齐。

4．快速填充表格数据

在 Excel 编辑过程中，输入数据是一项重要的工作，有时候需要很多技巧，帮助数据的快速输入。

（1）记忆式输入。该输入方法是指在输入数据时，系统自动根据已经输入的数据提出的建议，以减少录入的工作。

在输入时，如果所输入数据的起始字符与该列其他单元格中的字符起始字符相同，Excel 会自动将符合的数据作为建议显示出来，并将建议部分反白显示。此时，可以根据实际情况选择。如果接受建议，则按下"Enter"键，建议的数据将会被填充。如果不接受，可以继续输入其他的数据，当输入的数据有一个与建议的数据不相符时，建议会自动消失，如图 4-12 所示。

（2）自动填充。自动填充是根据初始值决定以后的填充项。当选中初始值所在单元格或区域后，会看到所选区域边框的右下角处有一个黑点，叫作"填充柄"。鼠标指向"填充柄"时，鼠标指针会变成一个"瘦加号,可以将填充柄向上、下、左、右四个方向拖动,经过相邻单元格时,就会将选定区域中的数据按某种规律自动填充到这些单元中去。自动填充有以下几种情况:

1)初始值为纯字符或纯数字,填充相当于数据复制,如图4-13所示。

2)初始值为文字数字混合体,填充时文字不变,最右边的数字递增(向下或向右拖动时)或递减(向上或向左拖动时)。如初始值为A1,填充为A2,A3,…,如图4-14所示。

3)初始值为Excel预设的自动填充序列中一员,按预设序列填充。如初始值为一月,自动填充二月、三月…,如图4-15所示。

松开鼠标后,在填充柄的右下方会一个出现"自动填充选项"按钮,也可以通过此按钮的下拉菜单选项来选择填充的方式,如图4-16所示。

用上面的方法进行的自动填充每一个相邻的单元格相差的数值只能是1,要填充的序列差值是2或2以上,则要求先输入前两个数据(如"2"和"5"),以给出数据变化的趋势,然后选中两个单元格,沿填充方向拖动鼠标,填充以后的效果如图4-17所示。

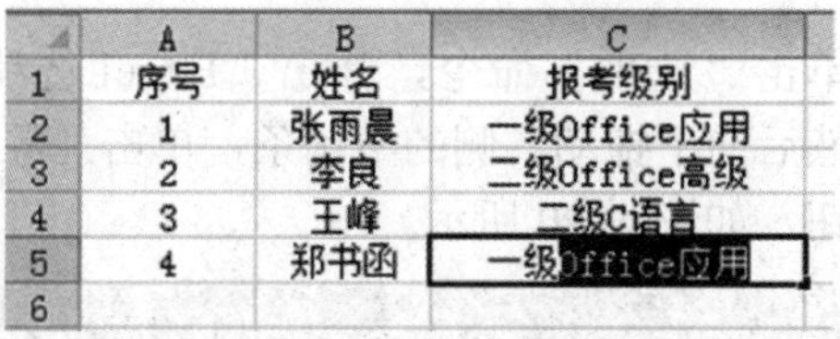

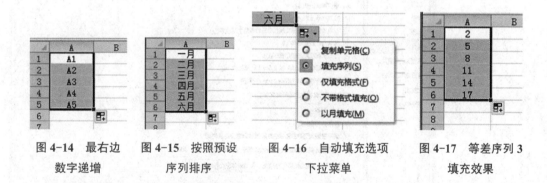

图4-12 记忆式输入 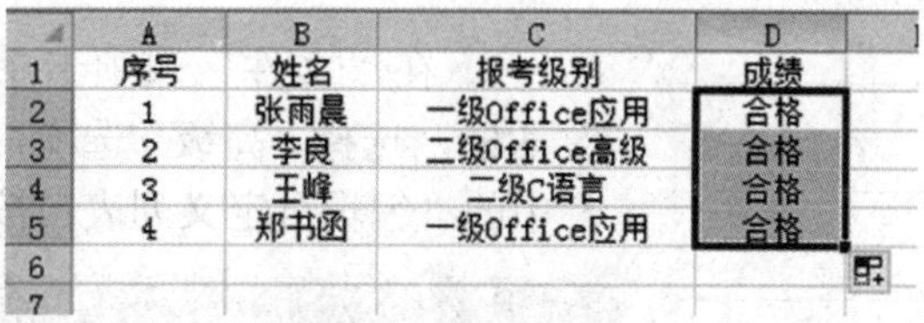　　　　　　　　图4-13 数据复制

图4-14 最右边　　图4-15 按照预设　　图4-16 自动填充选项　　图4-17 等差序列3
数字递增　　　　序列排序　　　　下拉菜单　　　　　　填充效果

(3)设置填充步长。如果没有进行特别设置,自动填充是步长默认为1,当然也可以自己根据需要设置。操作步骤如下:

1)在序列起始单元格A1中输入一个起始值(如"2"),拖动单元格列向填充,如列向填充至A6,并使这些单元格呈选中状态。

2)在"开始"功能区的"编辑"组中单击"填充"下拉按钮,在弹出的下拉菜单中单击"系列"命令。

3)弹出"序列"对话框,在"类型"区域中选择"等差序列"单选按钮,在"步长值"文本框中输入步长值(如"3"),然后单击"确定"按钮,如图4-18所示。

4）返回工作表即可看见单元格以步长3进行了序列填充，如图4-17所示。

（4）自定义填充序列。Excel除本身提供的预定义的序列外，还允许用户自定义序列，可以把经常用到的一些序列做一个定义，储存起来供以后填充时使用。自定义序列步骤如下：

1）在单元格中输入作为填充序列的数据清单，并选中相应单元格。如图4-19所示。

图4-18 "序列"对话框　　　　　图4-19 输入填充序列数据清单

2）在"文件"选项卡中单击"选项"命令，弹出"Excel选项"对话框，选择"高级"选项，然后向下拖动右侧的滚动条，单击"常规"栏中的"编辑自定义列表"按钮，如图4-20所示。

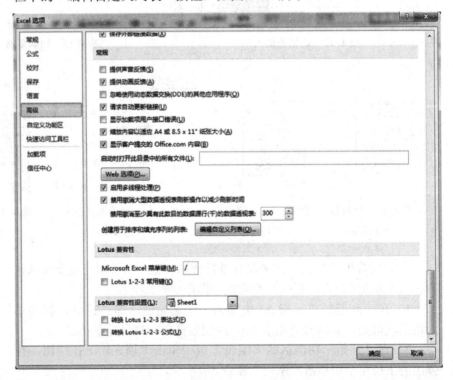

图4-20 "高级"选项

3）在弹出的"自定义序列"对话框，单击"导入"按钮，将选中的数据清单导入"输入序列"列表框中，然后单击"确定"按钮，即完成自定义填充序列，如图 4-21 所示。

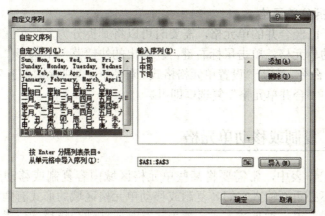

图 4-21 "自定义序列"对话框

 合并和拆分单元格

1. 合并单元格

合并单元格的具体操作如下：

（1）选择要合并的单元格区域，在"开始"功能区中的"对齐方式"组中单击右下角的按钮（也可以单击"单元格"组中的"格式"下拉按钮，在下拉列表中选择"设置单元格格式"命令），打开"设置单元格格式"对话框，如图 4-22 所示。

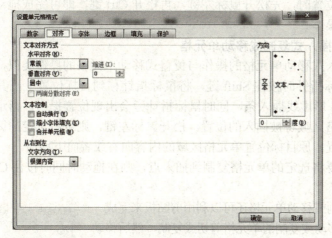

图 4-22 "设置单元格格式"对话框

（2）在"对齐"选项卡中勾选"合并单元格"复选框，单击"确定"按钮即可。

有时为了将标题居于表格的中央，可以利用"合并并居中"功能，操作方法为：选择好要合并的单元格区域后，在"开始"功能区的"对齐方式"组中单击"合并后居中"按钮即可。

2．拆分单元格

对于已经合并的单元格，需要时可以将其拆分为多个单元格。选中要拆分的单元格，单击鼠标右键，在弹出的快捷菜单中选择"设置单元格格式"命令，打开"设置单元格格式"对话框。切换到"对齐"选项卡，取消选中"合并单元格"复选框即可。

四 复制或移动单元格

在工作表中，常需要将某些单元格区域内容复制或移动到其他位置，而不必重新输入它们。复制或移动单元格区域的形式有两种：一种是覆盖式；另一种是插入式。覆盖式复制或移动会将目标位置单元格区域中的内容覆盖为新的内容；插入式复制或移动会将目标位置单元格区域中的内容向右或者向下移动，然后将新的内容插入到目标位置。

1．覆盖式复制或移动单元格

覆盖式移动单元格的具体操作如下：

（1）选定要移动的单元格区域，将鼠标指针移到单元格的边框上，当鼠标指针由空心十字形变为四向选中箭头时，按住鼠标左键开始拖动。拖动时会有一个与原区域同样大小的虚线框随之移动。

（2）拖动到目标区域后松开鼠标左键，则可将选定的区域移到目标位置，原目标位置区域的内容将被覆盖。

复制单元格与移动单元格相类似，只是要在拖动时按住 Ctrl 键，到达目标位置时，先松开鼠标左键，再松开 Ctrl 键，即可完成拖动复制单元格的操作。

2．插入式复制或移动单元格

插入式移动单元格的操作与覆盖式移动单元格的操作类似，只是在拖动鼠标指针时按住 Shift 键，将鼠标指针移到目标位置上，其边框上会出现 I 形虚线插入条，同时鼠标指针旁会出现位置提示，指示被选定的单元格区域将被插入的位置。松开鼠标左键，则可将选定的区域移到目标位置，原目标位置单元格区域的内容向右或者向下移动。

如要将选定的单元格复制到插入点，则在拖动时同时按住 Ctrl+Shift 组合键。

复制或移动单元格还可以利用剪贴板来完成。先将要移动或复制的单元格剪切或复制，然后移动单元格指针到目标位置，在"开始"功能区的"单元格"组中单击"插入"的下拉按钮，在下拉列表中选择"插入复制的单元格"命令，在弹出的"插入粘贴"对话框中选择"活动单元格右移"或"活动单元格下移"单选按钮即可，如图 4-23 所示。

图 4-23 "插入粘贴"对话框

五 插入和删除行、列单元格

1. 插入行、列或单元格区域

插入行、列或单元格区域的具体操作如下:

(1) 在要插入的位置选定若干行、列或单元格区域,其范围等于要插入的区域。

(2) 在"开始"功能区的"单元格"组中单击"插入"的下拉按钮,在下拉列表中选择"插入单元格""插入工作表行"或"插入工作表列"命令。

(3) 若插入单元格区域,则会弹出"插入"对话框,如图4-24所示,用户可以根据需要选择"活动单元格右移""活动单元格下移""整行""整列"单选按钮,单击"确定"按钮,即可插入相同大小的行、列或单元格区域。

2. 删除行、列或单元格区域

删除行、列或单元格区域的具体操作如下:

(1) 选定若干行、列或单元格区域。

(2) 在"开始"功能区的"单元格"组中单击"删除"下拉按钮,在下拉列表中选择"删除单元格""删除工作表行"或"删除工作表列"命令。

(3) 若删除单元格区域,则会弹出"删除"对话框,用户可以根据需要选择"右侧单元格左移""下方单元格上移""整行""整列"单选按钮,单击"确定"按钮,即可完成删除,如图4-25所示。

图 4-24 "插入"对话框

图 4-25 "删除"对话框

3. 清除单元格

清除只是抹去单元格区域的内容,而单元格本身没有被删除,这是清除和删除操作不同的地方。清除单元格的具体操作:选中要清除的单元格区域,在"开始"功能区的"编辑"组中单击"清除"下拉按钮,在下拉列表中选择"全部清除""清除格式""清除内容""清除批注"或"清除超链接"命令。

若只是清除内容,也可选中要清除的单元格区域后,按 Delete 键或单击鼠标右键,在快捷菜单中选择"清除内容"命令。

六　显示或隐藏工作表、行、列

选中要隐藏工作表的标签或工作表的若干行、列，单击鼠标右键，在快捷菜单中选择"隐藏"命令，即完成工作表、行、列的隐藏。

如果要取消工作表的隐藏，在任一工作表标签上单击鼠标右键，在快捷菜单中选择"取消隐藏"命令，在打开的"取消隐藏"对话框中，选择相应的工作表，单击"确定"按钮即可。

如果要取消行、列的隐藏，应先选择包含隐藏部分的区域，单击鼠标右键，在快捷菜单中选择"取消隐藏"命令即可。

七　设置边框和填充效果

1. 设置边框

在默认情况下，Excel 并不为单元格设置边框，工作表中的框线在打印时并不显示出来。为了使工作表更美观和容易阅读，可以为表格添加不同线型的边框。具体操作如下：

（1）选择要加边框的区域，在"开始"功能区的"字体"组中单击"边框"下拉按钮，在下拉列表中选择要设置的边框线类型。

（2）选择要加边框的区域，在"开始"功能区的"单元格"组中单击"格式"下拉按钮，在下拉列表中选择"设置单元格格式"命令，打开"设置单元格格式"对话框。打开"边框"选项卡，如图 4-26 所示。在该选项卡的左部"线条"栏中，选择边框的线条样式和颜色。在该选项卡的右部"预置"栏选边框形式，有"无""外框"或"内部"这 3 种形式供选择。在"边框"栏中，可按需要选择边框线。

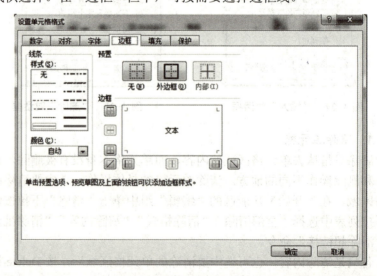

图 4-26　"边框"选项卡

2. 添加单元格的填充效果

Excel 默认单元格的颜色是白色，并且没有图案。为了使表格中的重要信息更加醒目，可以为单元格添加填充效果。其具体操作：选择要设置填充效果的单元格区域，在"开始"功能区的"字体"组中单击"填充颜色"下拉按钮，在下拉列表中选择所需的颜色，如图 4-27 所示。

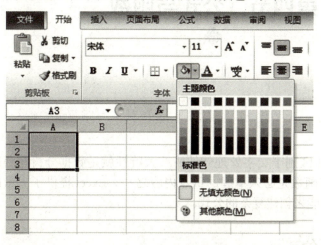

图 4-27 填充颜色

改变行高、列宽

改变行高、列宽有以下两种操作方法：

（1）移动鼠标指针到要调整行高（列宽）的行号底（列号右侧）边框线处，此时鼠标指针变成带上下箭头的十字形状，拖动到合适的高度（宽度）即可。

（2）选定行（列）后，在"开始"功能区的"单元格"组中单击"格式"下拉按钮，在下拉列表中选择"行高"（"列宽"）命令，输入精确的行高值（列宽值），单击"确定"按钮即可。

第四节　公式与函数

Excel 区别于文字处理软件的一大特性就是数据分析与处理能力，而公式与函数是必须掌握的重点内容之一。Excel 提供了大量的函数和丰富的功能来创建复杂的公式。

　公式

公式是对工作表中的数值执行计算的等式，公式以"="开头，通常情况下，公式由函数、参数、常量和运算符组成。

函数：在 Excel 中包含的许多预定义公式，可以对一个或多个数据执行运算，并返回一个或多个值。函数可以简化或缩短工作表中的公式。

参数：参数是函数中用来执行操作或计算单元格或单元格区域数值的变量。

常量：常量是指在公式中直接输入的数字或文本值，并且参与运算且不发生改变的数值。

运算符：运算符用来对公式的元素进行特定类型的运算，运算符的类型可以表达公式内执行计算的类型，有算术、比较、文本链接和引用运算符。

1. 输入公式

（1）通过编辑栏输入公式。在 Excel 2010 工作表中，单击准备输入公式的单元格，单击编辑栏中的编辑框。在编辑框中输入准备输入的公式，如"＝B2+C2+D2"。单击"输入"按钮或按 Enter 键，即可完成通过编辑栏输入公式的操作。

（2）单元格直接输入公式。在 Excel 2010 工作表中，双击准备输入公式的单元格，在已选的单元格中输入准备输入的公式，如"输入＝B4+C4+D4+E4+F4"，单击已选单元格之外的任意单元格，如"单击 D5 单元格"，这样即可完成在单元格中直接输入公式的操作。

2. 修改公式

在公式输入完毕后，可以根据需要对公式进行修改。

选中要进行修改的公式所在单元格，在编辑栏中修改公式，修改完毕后单击"输入"按钮或者按 Enter 键。

3. 运算符

运算符用来对公式中的各元素进行运算操作。Excel 包含算数运算符、比较运算符、文本运算符和引用运算符四种类型。运算符的优先级见表 4-1。

表 4-1 运算符的优先级

运算符	括号 ()	冒号 :	逗号 ,	空格	负数 −	百分比 %	乘方 ^	乘除 */	加减 +−	串接 &	比较运算符 =<><=>=
优先级	1	2	3	4	5	6	7	8	9	10	11

（1）算数运算符，包括加（+）、减（−）、乘（*）、除（/）、百分比（%）、乘方（^）等。

（2）比较运算符，用于比较两个数值并产生逻辑值 TRUE（真）或 FALSE（假），包括等于（=）、小于（<）、大于（>）、小于或等于（<=）、大于或等于（>=）、不等于（<>）等。

（3）文本运算符 & 可将一个或多个文本连接成为一个组合文本，如在单元格中输入 ＝"北京"&"大学"，结果为"北京大学"。

（4）引用运算符，用以将单元格区域合并计算，引用运算符包括以下几项：

1）冒号（区域）：对两个引用之间，包括两个引用在内的所有区域的单元格进行引用。

2）逗号（联合）：将多个引用合并为一个引用，例如，"SUM（A4：A10，C4：C10）"。

3）空格（交叉）：产生同时隶属于两个引用的单元格区域的引用。

4. 公式的自动填充

在一个单元格中输入公式后，若相邻的单元格中需要进行同类计算，可利用公式的自动填充完成，具体操作如下：

（1）在 Excel 2010 工作表中，单击选择公式所在的单元格，将鼠标指针移动至已选单元格右下角的填充柄上。

（2）单击并拖动鼠标指针至目标位置。

5. 删除公式

选中单元格，按下 Delete 键，就可以同时删除数据和公式，如果只想删除公式而保留数据，就要通过单独删除公式来操作，具体操作如下：

（1）选中要删除公式的单元格，复制该单元格中的公式和数值。

（2）在"开始"功能区的"剪贴板"组中单击"粘贴"下拉按钮，在下拉列表中单击"值"按钮。

（3）此时单元格的值保留下来，而公式就被删除了。

6. 单元格的引用

在 Excel 中使用单元格的地址来代替单元格内数据，叫作单元格的引用。单元格的引用在于标识工作表上的单元格或单元格区域。

（1）相对引用。相对引用的具体操作如下：

1）单击选择准备引用的单元格，如"单击选择 E3 单元格"，在窗口编辑栏的编辑框中输入引用的单元格公式"=B3+C3+D3"，单击"输入"按钮。

此时在已选单元格中，系统自动计算结果，单击"开始"功能区的"剪贴板"组中的"复制"按钮。

2）单击选择准备粘贴引用公式的单元格，如"单击选择 E4 单元格"，在"剪贴板"组中，单击"粘贴"按钮。

3）此时在已选单元格中，系统自动计算出结果，且在编辑框中显示公式"= B4+C4+D4"，引用指向了当前公式位置相应的单元格。

（2）绝对引用。绝对引用是指把公式复制或移动到新位置后，公式中引用的单元格地址保持不变。在绝对引用时被引用的单元格的行号和列标前面要加入符号"$"，具体操作如下：

1）选择准备绝对引用的单元格，如"E3 单元格"，在窗口编辑栏的编辑框中输入准备绝对引用的公式"=$B$3+$C$3+$D$3"，单击"输入"按钮。

2）此时在已选单元格中，系统自动计算出结果，单击"剪贴板"组中的"复制"按钮。

3）在 Excel 2010 工作表中，单击准备粘贴绝对引用公式的单元格，在"剪贴板"组中，单击"粘贴"按钮。此时已粘贴绝对引用公式的单元格公式仍旧是"=$B$3+$C$3+$D$3"。

（3）混合引用。混合引用包含了相对引用和绝对引用两种在一个单元格的引用。如果公式所在单元格的位置发生改变，相对引用部分会改变，绝对引用部分不变。具体操作如下：

1）选择准备引用绝对行和相对列的单元格，在编辑框中，输入准备引用绝对行和相对列的公式"=B$3+C$3+D$3"，单击"输入"按钮。

2）此时在已选单元格中，系统自动计算出结果，单击"剪贴板"组中的"复制"按钮。

3）单击准备粘贴引用公式的单元格，单击"剪贴板"组中的"粘贴"按钮。在已粘贴的单元格中，行标题不变，而列标题发生变化。

二 函数

1. 函数的概念

函数是预定义的内置公式。它有其特定的格式与用法，通常每个函数由一个函数名和相应的参数组成。参数位于函数名的右侧并用括号括起来，它是一个函数用以生成新值或进行运算的信息，大多数参数的数据类型都是确定的，而其具体值由用户提供。

多数情况下，函数的计算结果是数值，同时，也可以返回到文本、数组或逻辑值等信息，与公式相比较，函数可用于执行复杂的计算。

在 Excel 2010 中，调用函数时需要遵守 Excel 对于函数所制定的语法结构，否则将会产生语法错误，函数的语法结构由等号、函数名称、括号、参数组成，如"=SUM（A10，B4：B10，45）"。

在 Excel 中，函数按其功能可分为财务函数、日期时间函数、数学与三角函数、统计函数、查找与引用函数、数据库函数、文本函数、逻辑函数以及信息函数。常用函数 SUM、AVERAGE、COUNT、MAX 和 MIN 的功能和用法，见表 4-2。

表 4-2 常用函数表

函数	格式	功能
SUM	=SUM（number1，number2，……）	求出并显示括号或括号区域中所有数值或参数的和
AVERAGE	=AVERAGE（number1，number2，……）	求出并显示括号或括号区域中所有数值或参数的算术平均值
COUNT	=COUNT（value1，value2，……）	计算参数表中的数字参数和包含数字的单元格的个数
MAX	=MAX（number1，number2，……）	求出并显示一组参数的最大值，忽略逻辑值及文本字符
MIN	=MIN（number1，number2，……）	求出并显示一组参数的最小值，忽略逻辑值及文本字符

2．输入函数

在 Excel 中，函数可以直接输入，也可以使用命令输入。当用户对函数非常熟悉时，可采用直接输入法。

（1）直接输入。首先单击要输入的单元格，再依次输入等号、函数名、具体参数（要带左右括号），并按回车键或单击"输入"按钮以确认即可。

（2）使用插入函数功能输入函数。但在多数情况下，用户对函数不太熟悉，因此，要利用"粘贴函数"命令，并按照提示——按需选择，其具体操作如下：

1）在 Excel 工作表中，选择准备输入函数的单元格，在"公式"功能区的"函数库"组中，单击"插入函数"按钮。

2）在弹出的"插入函数"对话框中，在"或选择类别"下拉列表框中选择"常用函数"选项，在"选择函数"列表框中选择准备插入的函数（如选择"SUM"），单击"确定"按钮，如图 4-28 所示。

3）窗口中弹出"函数参数"对话框，在 SUM 区域中，单击"Number 1"文本框右侧的折叠按钮，如图 4-29 所示。

在工作区选择可变单元格区域，在"函数参数"对话框中，单击"展开对话框"按钮，返回"函数参数"对话框，"Number 1"文本框中显示参数，单击"确定"按钮，计算结果显示在单元格中。

(3)使用快捷按钮输入。对于一些常用的函数,如求和、求平均值、计数等可利用"公式"功能区的"函数库"中的快捷按钮来完成,如图4-30所示。

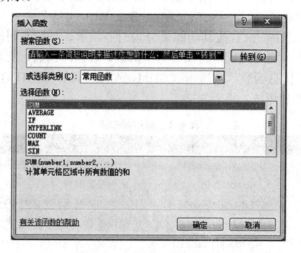

图4-28 "插入函数"对话框

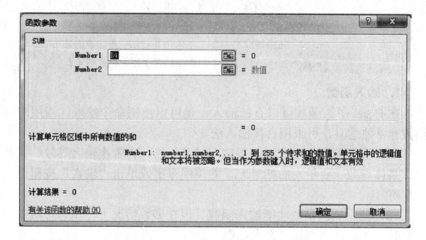

图4-29 "函数参数"对话框

图4-30 函数库

实训　　制作期末成绩表

1．输入数据

启动 Excel 2010，在工作区中输入期末成绩，如图 4-31 所示。

	A	B	C	D	E	F	G	H	I
1	期末成绩表								
2	姓名	大学语文	高等数学	计算机基础	马哲	数据结构	总分	平均分	等级
3	张丹	78	78	75	86	71			
4	刘岩	64	65	68	72	74			
5	王平	92	95	94	88	96			
6	郑宇林	58	60	63	51	64			
7	王晓宇	73	79	63	82	77			
8	赵丽	85	91	87	93	88			
9	张琳	89	82	84	95	87			
10	张紫如	66	76	72	57	81			
11	王忠之	76	88	76	69	79			
12	孙虹	93	95	91	89	92			

图 4-31　输入数据

2．设置标题格式

选中 A1～I1 单元格，在"开始"功能区的"对齐方式"组中单击"合并后居中"按钮，将标题居中排列，并设置字号为 18，如图 4-32 所示。

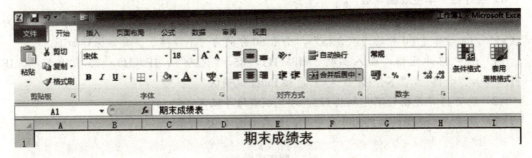

图 4-32　设置标题格式

3．求每个学生的总分

（1）单击 G3 单元格，输入公式"=SUM（B3：F3）"，按 Enter 键确认；或者在"公式"功能区"函数库"组中单击"自动求和"按钮并按 Enter 键确认，将自动求和 B3～F3 单元格。

（2）拖动 G3 单元格的填充柄到 G12，即完成总分统计，如图 4-33 所示。

4．求每个学生的平均分

（1）单击 H3 单元格，输入公式"=AVERAGE（B3：F3）"，按 Enter 键确认。

（2）拖动 H3 单元格的填充柄到 H12，即完成平均分统计，如图 4-33 所示。

5．设置总分和平均分格式

选中"总分"和"平均分"列，单击鼠标右键，在快捷菜单中选择"设置单元格格式"命令，在弹出的"设置单元格格式"对话框中设置"水平对齐"方式为"居中"，"垂直对齐方式"为"居中"，单击"确定"按钮。选中"平均分"列，在"设置单元格格式"对话框中单击"数字"标签，在"分类"中选择"数值"选项，在右侧设置"小数位数"为"0"位。单击"确定"按钮，结果如图 4-34 所示。

第四章 Excel 2010 表格处理软件

图 4-33 总分和平均分统计

图 4-34 设置总分和平均分格式

6. 统计每个学生成绩等级

利用函数进行成绩等级的评价，平均分大于等于85分的为"优秀"，大于等于75分的为"良好"，大于等于60分的为"合格"，小于60分的为"不合格"，具体操作如下：

（1）选中I3单元格，输入函数"=IF（H3>=85，"优秀"，IF（H3>=75，"良好"，IF（H3>=60，"合格"，"不合格"）））"，按Enter键确认。

（2）拖动I3单元格的填充柄到I12，即完成成绩等级评定。

（3）设置"等级"列格式为"居中"，效果如图4-35所示。

图 4-35 成绩等级

7. 不及格成绩突出显示

将成绩表中不及格的成绩突出显示，具体操作如下：

（1）选中B3单元格，按住鼠标拖动到F12单元格，单击"开始"功能区的"样式"组中的"条件格式"下拉按钮，在下拉列表中选择"突出显示单元格规则"→"小于"命令，如图4-36所示。

（2）在弹出的"小于"对话框中，在"为小于以下值的单元格设置格式"文本框中输入"60"，在"设置为"下拉列表框中选择"浅红填充色深红色文本"，如图4-37所示，单击"确定"按钮,即完成突出显示,效果如图 4-38 所示。

图 4-36 条件格式

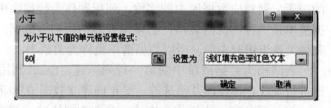

图 4-37 "小于"对话框

	A	B	C	D	E	F	G	H	I
1	期末成绩表								
2	姓名	大学语文	高等数学	计算机基础	马哲	数据结构	总分	平均分	等级
3	张丹	78	78	75	86	71	388	78	良好
4	刘岩	64	65	68	72	74	343	69	合格
5	王平	92	95	94	88	96	465	93	优秀
6	郑宇林	58	60	63	51	64	296	59	不合格
7	王晓宇	73	79	63	82	77	374	75	合格
8	赵丽	85	91	87	93	88	444	89	优秀
9	张琳	89	82	84	95	87	437	87	优秀
10	张紫如	66	76	72	57	81	352	70	合格
11	王忠之	76	88	76	69	79	388	78	良好
12	孙虹	93	95	91	89	92	460	92	优秀

图 4-38 不及格成绩突出显示

第五节　数据管理与分析

一　创建数据清单

在 Excel 中，数据清单是包含相似数据组的带标题的一组工作表数据行，可以将"数据清单"看成是"数据库"，其中，行作为数据库中的记录，列对应数据库中的字段，列标题作为数据库中的字段名称。数据清单是一种特殊的表格，必须包含表结构和纯数据。表中的数据是按某种关系组织起来的，所以数据清单也称为关系表。

表结构为数据清单中的第一行列标题，Excel 利用这些标题名对数据进行查找、排序以及筛选等。要正确建立数据清单应遵守以下规则：

（1）避免在一张工作表中建立多个数据清单，如果在工作表中还有其他数据，要与数据清单之间留出空行和空列。

（2）列标题名唯一且同列数据的数据类型和格式应完全相同。

（3）在数据清单的第一行里创建列标题，列标题使用的字体格式应与清单中其他数据有所区别。

（4）单元格中数据的对齐方式可用格式工具栏上的对齐方式按钮来设置，不要用输入空格的方法来调整。

二　设置数据有效性

在输入数据时，有些数据有其特定的要求，这个时候就要设置数据有效性。例如，学生每门课的成绩范围为 0～100，超出这个范围的数据都是错误的。设置数据有效性的具体操作如下：

（1）选定需要设置数据有效性范围的单元格，在"数据"功能区的"数据工具"组中单击"数据有效性"按钮。

（2）弹出"数据有效性"对话框，如图 4-39 所示。在"设置"选项卡

图 4-39　"数据有效性"对话框

的“允许”下拉列表框中选择允许输入的数据类型。

（3）在“数据”下拉列表框中选择所需的操作符，然后根据选定的操作符指定数据的上限或下限，单击“确定”按钮完成设置。

在设置了数据有效性的单元格中，如果输入超出范围的数据时，就会弹出对话框提示“输入值非法”。也可以在“数据有效性”对话框的“出错警告”选项卡中自定义警告提示内容。

读书笔记

三 数据排序

在查阅数据时，用户经常会希望表中的数据可以按一定的顺序排列，以方便查看。排序是按照关键字排的，关键字可以有多个，先排的叫作主关键字，后排的叫作次关键字、第三关键字等。确定了关键字还要注意排序的方向，有升序和降序两种排序方向。

1．单个关键字排序

单击须排序列的任一单元格，在“数据”功能区的“排序和筛选”组中单击“升序”按钮或“降序”按钮，即可完成排序。这种方式只能进行一个关键字的排序。

2．多关键字复杂排序

多关键字复杂排序是指对选定的数据区域按照两个或两个以上的关键字进行排序。下面以“期末成绩表”为例，按照“总分”升序排列，总分相同的按照“学生姓名”降序排列，具体操作如下：

（1）单击数据区域中的任一格，在“数据”功能区的“排序和筛选”组中单击“排序”按钮，打开“排序”对话框，如图 4-40 所示。

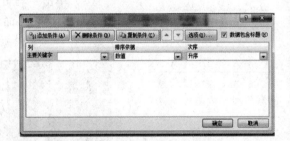

图 4-40 “排序”对话框

（2）在“主要关键字”下拉列表框中选择“总分”，“排序依据”为“数值”，“次序”为“升序”。

（3）单击“添加条件”按钮，在新增加的“次要关键字”下拉列表框中选择“姓名”，“排序依据”为“数值”，“次序”为“降序”，如图 4-41 所示。

图 4-41 设置排序条件

（4）单击“确定”按钮，即完成复杂排序，结果如图 4-42 所示。

	A	B	C	D	E	F	G	H	I
1	期末成绩表								
2	姓名	大学语文	高等数学	计算机基础	马哲	数据结构	总分	平均分	等级
3	郑宇林	58	60	63	51	64	296	59	不合格
4	刘岩	64	65	68	72	74	343	69	合格
5	张紫如	66	76	72	57	81	352	70	合格
6	王晓宇	73	79	63	82	77	374	75	合格
7	张丹	78	78	75	86	71	388	78	良好
8	王忠之	76	88	76	69	79	388	78	良好
9	张琳	89	82	84	95	87	437	87	优秀
10	赵丽	85	91	87	93	88	444	89	优秀
11	孙虹	93	95	91	89	92	460	92	优秀
12	王平	92	95	94	88	96	465	93	优秀

图 4-42 排序结果

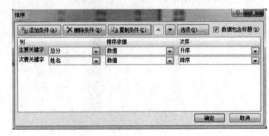

3. 按行对数据排序

Excel 默认是按列队数据排序，如要按行进行排序，可在打开"排序"对话框后，单击"选项"按钮，在弹出的"排序选项"对话框中，选择"按行排序"单选按钮，如图 4-43 所示。同时，也可以在对话框中设置按照汉字的笔画进行排序。

图 4-43　"排序选项"对话框

四　筛选数据

Excel 提供了筛选功能，可以方便地在海量的表格数据中选出符合条件的数据行，而筛选掉（即隐藏）不满足条件的行。数据筛选功能包括自动筛选与高级筛选两类。

1. 自动筛选

自动筛选是一种快速的筛选方法，用户可通过它快速的选出数据。下面以"期末成绩表"为例，说明筛选"马哲"成绩不及格的全部记录。

（1）单击数据区域中任一单元格。

（2）在"数据"功能区的"排序和筛选"组中单击"筛选"按钮。

（3）单击"马哲"标题右侧的下拉按钮，在下拉列表中选择"数字筛选"→"小于"命令，如图 4-44 所示。

图 4-44　进行数字筛选

（4）在弹出的"自定义自动筛选方式"对话框中，在"小于"后输入"60"，如图 4-45 所示，单击"确定"按钮，筛选后结果如图 4-46 所示。

图 4-45　"自定义自动筛选方式"对话框

图 4-46　筛选结果

2. 高级筛选

如果数据区域中的标题较多，筛选的条件也就比较多，自动筛选就显得非常麻烦，此时，可以使用高级筛选功能进行处理。

如果构建复杂条件可以实现高级筛选。所构建的复杂条件需要放置在单独的区域中，可以为该条件区域命名以便引用。用于高级筛选的复杂条件中可以像在公式中那样使用运算符比较两个值。

创建复杂条件的原则是：条件区域中必须有列标题且与包含在数据列表中的列标题一致；表示"与（and）"的多个条件应位于同一行中，意味着只有这些条件同时满足的数据才会被筛选出来；表示"或（or）"的多个条件应位于不同的行中，意味着只要满足其中的一个条件就会被删选出来。

下面以销售表为例进行高级筛选的说明，具体操作如下：

（1）建立条件区域。打开素材中的"销售表"，如图 4-47 所示。在空白处输入如图 4-48 所示的筛选条件，其条件的含义是：查找 2018 年 12 月份夏清和王元销售收入大于 10 000 的数据。

图 4-47　销售表

时间	时间	姓名	销售收入
>=2018/12/1	<2019/1/1	夏清	>10000
>=2018/12/1	<2019/1/1	王元	>10000

图 4-48　输入筛选条件

（2）选定数据区域中的任意一个单元格，在"数据"功能区的"排序和筛选"组中单击"高级"按钮，弹出"高级筛选"对话框，如图 4-49 所示。

（3）单击"条件区域"右边的文本框空白处，让光标停在里面，然后拖动选中条件区域 M1：P3，松开鼠标，条件区域的名字就出现在文本框中了。

（4）单击"确定"按钮，筛选结果如图 4-50 所示。

图 4-49　"高级筛选"对话框

	A	B	C	D	E	F	G	H	I	J	K
	时间	单号	姓名	商品	型号	成本价	数量	销售价格	销售收入	销售成本	毛利润
18	2018/12/19	181219001	夏浦	CPU	Intel 酷睿i3 8100	890	42	958	40236	37380	2856
20	2018/12/24	181224004	王元	硬盘	希捷Barracuda 2TB 7200转	355	32	399	12768	11360	1408

图 4-50　筛选结果

五　分类汇总

分类汇总就是将数据分类别进行统计，便于对数据的分析管理。分类汇总时要注意：一是数据必须先排好序（按分类字段）；二是要知道按什么分类（称分类字段）、对什么汇总（称汇总项）、怎样汇总（称汇总方式）。

下面仍用"销售表"（图 4-47）为例说明如何进行分类汇总。

1．创建分类汇总

（1）对需要进行分类汇总的分类字段排序，本例是按"商品"排序。

（2）选择数据区域中任一单元格，在"数据"功能区的"分级显示"组中单击"分类汇总"按钮，弹出"分类汇总"对话框。

（3）在"分类汇总"对话框中，设置"分类字段"为"商品"，"汇总方式"为"求和"，"选定汇总项"为"销售收入""销售成本""毛利润"，如图 4-51 所示。

（4）单击"确定"按钮，结果如图 4-52 所示。

图 4-51　设置分类汇总条件

2．撤销分类汇总

在进行分类汇总后如果想撤销，可以在"数据"功能区的"分级显示"组中单击"分类汇总"按钮，在弹出的"分类汇总"对话框中单击"全部删除"按钮，如图 4-51 所示，即可撤销分类汇总的结果，恢复原来的表格。

3．数据的分级显示

在图 4-52 中可以看出，分类汇总后的工作表的最左侧有几个标有"-"号和 1、2、3 的小按钮，利用这些按钮可以实现数据的分级显示。

第五节　数据管理与分析

	A	B	C	D	E	F	G	H	I	J	K
1	时间	单号	姓名	商品	型号	成本价	数量	销售价格	销售收入	销售成本	毛利润
2	2018/11/5	181124005	王元	CPU	Intel 酷睿i5 8400	1150	23	1399	32177	26450	5727
3	2018/11/14	181114005	王元	CPU	Intel 酷睿i3 8100	890	30	949	28470	26700	1770
4	2018/11/19	181119002	夏清	CPU	Intel 酷睿i5 6500	1140	22	1385	30470	25080	5390
5	2018/12/5	181205007	赵晓林	CPU	Intel 酷睿i3 4170	890	28	949	26572	24920	1652
6	2018/12/19	181219001	夏清	CPU	Intel 酷睿i5 8100	890	42	958	40236	37380	2856
7	2019/1/16	190116002	赵晓林	CPU	Intel 酷睿i5 6500	1140	19	1425	27075	21660	5415
8	2019/1/22	190122005	徐浩	CPU	Intel 酷睿i3 8100	890	11	950	10450	9790	660
9	2019/1/30	190130002	夏清	CPU	Intel 酷睿i5 8400	1150	27	1450	39150	31050	8100
10				CPU 汇总					234600	203030	31570
11	2018/11/5	181114005	赵晓林	内存	金士顿HyperX Savage 8GB DDR4	530	35	569	19915	18550	1365
12	2018/11/14	181114012	徐浩	内存	金士顿骇客神条FURY 8GB DDR4	435	41	469	19229	17835	1394
13	2018/11/23	181123001	刘萱	内存	金士顿4GB DDR3 1600	240	31	269	8339	7440	899
14	2018/12/26	181226002	刘萱	内存	金士顿4GB DDR3 1600	240	29	260	7540	6960	580
15	2019/1/7	190107001	刘萱	内存	金士顿骇客神条FURY 8GB DDR4	435	38	475	18050	16530	1520
16	2019/1/19	190109005	徐浩	内存	金士顿骇客神条FURY 8GB DDR4	435	30	469	14070	13050	1020
17				内存 汇总					87143	80365	6778
18	2018/11/5	181124001	夏清	显示器	华硕MZ27AQ	1900	14	2299	32186	26600	5586
19	2018/11/8	181108003	赵晓林	显示器	飞利浦328M6FJMB	2500	18	2999	53982	45000	8982
20	2018/11/9	181109009	刘萱	显示器	三星C27F390FH	900	15	1188	17820	13500	4320
21	2018/11/20	181120004	王元	显示器	三星C27F591F	1200	22	1499	32978	26400	6578
22	2018/12/14	181214003	刘萱	显示器	飞利浦328M6FJMB	2500	24	3100	74400	60000	14400
23	2018/12/26	181226002	徐浩	显示器	三星C27F390FH	900	36	1200	43200	32400	10800
24	2019/1/8	190108004	王元	显示器	飞利浦328M6FJMB	2500	27	3100	83700	67500	16200
25	2019/1/31	190131001	王元	显示器	华硕MZ27AQ	1900	14	2300	32200	26600	5600
26				显示器 汇总					370466	298000	72466
27	2018/11/27	181127011	王元	硬盘	希捷Barracuda 1TB 7200转	260	26	299	7774	6760	1014
28	2018/11/28	181128005	徐浩	硬盘	希捷Barracuda 2TB 7200转	370	45	299	18855	16650	2205
29	2018/12/6	181206001	夏清	硬盘	西部数据1TB 7200转	260	17	299	5083	4420	663
30	2018/12/12	181212013	徐浩	硬盘	希捷Barracuda 3TB 7200转	500	32	549	17568	16000	1568
31	2018/12/24	181224001	刘萱	硬盘	希捷Barracuda 2TB 7200转	355	26	399	10374	9230	1144
32	2018/12/24	181224004	王元	硬盘	希捷Barracuda 2TB 7200转	355	32	399	12768	11360	1408
33	2019/1/3	190103002	赵晓林	硬盘	希捷Barracuda 2TB 7200转	370	17	430	7310	6290	1020
34	2019/1/11	190111001	赵晓林	硬盘	希捷Barracuda 1TB 7200转	260	41	288	11808	10660	1148
35	2019/1/25	190125004	刘萱	硬盘	西部数据1TB 7200转	260	23	310	7130	5980	1150
36				硬盘 汇总					98670	87350	11320
37				总计					790879	668745	122134

图 4-52　分类汇总结果

单击小按钮 1，则数据列表只显示一行总计"销售收入""销售成本""毛利润"，如图 4-53 所示。此时最左侧的"-"号变成一个"+"号，单击"+"号按钮又可将表格展开为多行。如果单击小按钮 2，则显示各类别的汇总信息，但各类别的明细信息不显示，如图 4-54 所示。如果单击小按钮 3，则显示 3 级信息，如图 4-52 所示。

	A	B	C	D	E	F	G	H	I	J	K
1	时间	单号	姓名	商品	型号	成本价	数量	销售价格	销售收入	销售成本	毛利润
37				总计					790879	668745	122134

图 4-53　显示 1 级信息

	A	B	C	D	E	F	G	H	I	J	K
1	时间	单号	姓名	商品	型号	成本价	数量	销售价格	销售收入	销售成本	毛利润
10				CPU 汇总					234600	203030	31570
17				内存 汇总					87143	80365	6778
26				显示器 汇总					370466	298000	72466
36				硬盘 汇总					98670	87350	11320
37				总计					790879	668745	122134

图 4-54　显示 2 级信息

六　合并计算

若要汇总和报告多个单独工作表中数据的结果，可以将每个单独工作表中的数据合并到一个主工作表。所合并的工作表可以与主工作表位于同一工作簿中，也可以位于其他工作簿中。下面以"产品数量统计表"为例，说明合并计算第一季度产品数量的操作。

（1）打开要进行合并计算的工作簿，本例打开素材中的"产品数量统计表",如图 4-55 所示。

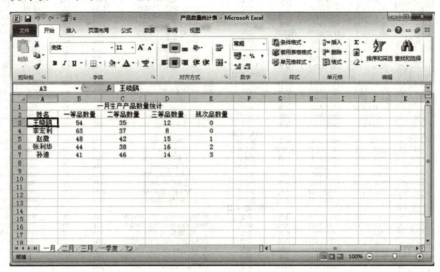

图 4-55　产品数量统计表

（2）切换到放置合并数据的主工作表中,在要显示合并数据的单元格区域中,单击左上方的单元格。本例在"一季度"工作表中选中 A2 单元格。

（3）在"数据"功能区的"数据工具"组中单击"合并计算"按钮,打开"合并计算"对话框,如图 4-56 所示。

（4）在"合并计算"对话框中,在"函数"下拉列表框中选择"求和"函数。单击"引用位置"文本框右侧的 按钮,在包含要对齐进行合并计算的数据的工作表中选择合并区域。本例单击"一月"工作表标签,选中单元格区域 A2：E7。单击"合并计算-引用位置"对话框中的按钮 ,返回"合并计算"对话框。

（5）在"合并计算"对话框中单击"添加"按钮,选定的合并计算区域显示在"所有引用位置"列表框中。继续添加"二月""三月"中的数据,如图 4-57 所示。

（6）在"标签位置"区域,按照需要勾选表示标签在源数据区域中

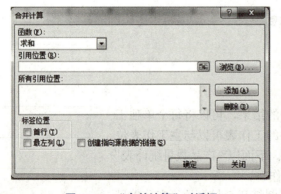

图 4-56　"合并计算"对话框

图 4-57　选取引用位置

所在位置的复选框，本例勾选"首行"和"最左列"两个复选框。

（7）若包含数据的工作表位于另一个工作簿中，可勾选"创建指向源数据的链接"复选框，以便合并数据能够在另一个工作簿中的源数据发生变化时自动进行更新。

（8）单击"确定"按钮，即完成合并计算，结果如图 4-58 所示。

图 4-58　合并计算结果

七　使用图表分析数据

Excel 除强大的计算功能外，还能将数据或统计结果以各种统计图表的形式显示，使得数据更加形象、更加直观地反映数据的变化规律和发展趋势，供决策分析使用。

1. 图表类型

Excel 2010 提供了多种图表，以适用于不同的场合：

（1）柱形图：可直观地对数据进行对比分析以得出结果。

（2）折线图：可直观地显示数据的走势情况。

（3）饼图：能直观地显示数据占有比例，而且比较美观。

（4）条形图：就是横向的柱形图，其作用与柱形图相同。

（5）面积图：能直观地显示数据的大小与走势范围。

（6）散点图：可以直观地显示图表数据点的精确值，帮助用户进行统计计算。

2. 图表组成

在 Excel 2010 中，创建好的图表由图表区、绘图区、图表标题、数据系列、图例项和坐标轴等多个部分组成。

（1）图表区：整个图表及其包含的元素。

（2）绘图区：在二维图表中，以坐标轴为界并包含全部数据系列的区域。在三维图表中，绘图区以坐标轴为界并包含数据系列、分类名称、刻度线和坐标轴标题。

（3）图表标题：一般情况下，一个图表应该有一个文本标题，它可以自动与坐标轴对齐或在图表顶端居中。

（4）数据分类：图表上的一组相关数据点，取自工作表的一行或一列。图表中的每个数据系列以不同的颜色和图案加以区别，在同一图表上可以绘制一个以上的数据系列。

（5）数据标记：图表中的条形面积圆点扇形或其他类似符号，来自工作表单元格的单一数据点或数值。图表中所有相关的数据标记构成了数据系列。

（6）数据标志：根据不同的图表类型，数据标志可以表示数值、数据系列名称、百分比等。

（7）坐标轴：为图表提供计量和比较的参考线，一般包括 X 轴、Y 轴。

（8）刻度线：坐标轴上的短度量线，用于区分图表上的数据分类数值或数据系列。

（9）网格线：图表中从坐标轴刻度线延伸开来并贯穿整个绘图区的可选线条系列。

（10）图例：是图例项和图例项标示的方框，用于标示图表中的数据系列。

（11）图例项标示：图例中用于标示图表上相应数据系列的图案和颜色的方框。

（12）背景墙及基底：三维图表中包含在三维图形周围的区域。用于显示维度和边角尺寸。

（13）数据表：在图表下面的网格中显示每个数据系列的值。

3．创建图表

下面以示例的形式介绍建立图表的方法。

（1）打开素材中的"产品数量统计表"，在"一月"工作表中选取 A2：E7 区域。

（2）在"插入"功能区的"图表"组中选择要创建的图表类型，本例单击"柱形图"按钮，在下拉列表中选择"二维柱形图"中的第一个，如图 4-59 所示，工作表中即得到图 4-60 所示的结果。

（3）插入工作表的图表像插入的图片一样，可以在工作表中移动、改变大小以及设置其他格式属性。

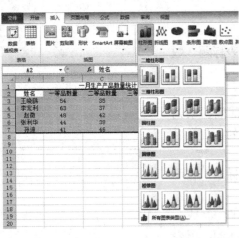

图 4-59　选择图表类型

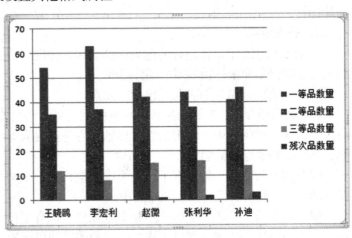

图 4-60　图表结果

4．编辑图表

生成图表之后，若不符合用户要求，用户可根据自己需要对图表进行编辑和修改。

（1）调整图表的位置和大小。单击图表，把光标移到图表边框上，当其变为四箭头形状时，拖动图表，将其移动到合适位置释放即可。若将光标移到边框的右上角,当其变为双箭头形状时,可拖动调整图表大小。

用同样办法可调整图表中图形的和图例的位置、大小。

(2)改变图表类型。选中要修改图表类型的图表(如选中图 4-60 所示柱形图),在"图标工具"的"设计"功能区的"类型"组中单击"更改图表类型"按钮,弹出"更改图表类型"对话框,选中新的图表类型和样式(如选择条形图),如图 4-61 所示。单击"确定"按钮即完成图表类型改变,结果如图 4-62 所示。

图 4-61 "更改图表类型"对话框

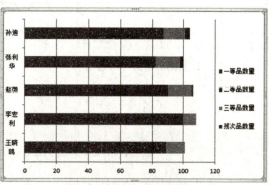

图 4-62 更改结果

(3)修改图表的内容。

1)编辑图表标题。选中图表,在"图表工具"的"布局"功能区的"标签"组中单击"图表标题"按钮,在下拉列表中选择一种放置标题的方式,在文本框中输入标题名称,结果如图 4-63 所示。

2)修改坐标轴和网格线。在"图表工具"的"布局"功能区的"坐标轴"组中,单击"坐标轴"或"网格线"按钮,可分别对主要横纵坐标轴和主要横纵网格线进行设置。

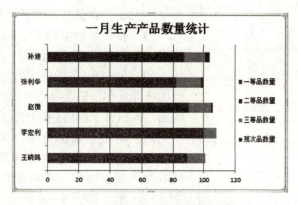

图 4-63 添加图表标题

3)修改图例。在"图表工具"的"布局"功能区的"标签"组中,单击"图例"下拉按钮,可在下拉列表中选择图例的放置位置,也可选择"其他图例选项"命令,打开"设置图例格式"对话框,在其中进行详细设置,如图 4-64 所示。

4)添加数据标签。数据标签是显示在数据系列上的数据标记。选中图表,在"图表工具"的"布局"功能区的"标签"组中单击"数据标签"按钮,在下拉列表中选择添加数据标签的位置,如选择"居中",则添加数据标签结果如图 4-65 所示。

第四章　Excel 2010 表格处理软件

图 4-64　"设置图例格式"对话框

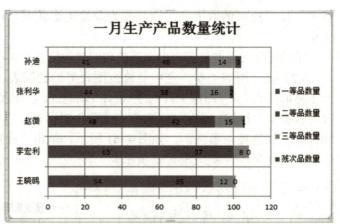

图 4-65　添加数据标签

八　使用迷你图

迷你图是 Excel 2010 提供的一个新功能，它是插入到工作表单元格中的微型图表，可提供数据的直观显示。使用迷你图可以显示数值系列中的趋势，或者可以突出显示最大值和最小值。

1．插入迷你图

下面以"空调销售情况"为例，进行插入迷你图操作的介绍。

（1）打开素材中的"空调销售情况"，在要插入迷你图的单元格中单击，本例单击 G3 单元格。

（2）在"插入"功能区的"迷你图"组中选择迷你图的类型，本例选择"折线图"，打开"创建迷你图"对话框。

（3）单击"数据范围"文本框后的按钮 ，选取包含迷你图所基于的数据单元格区域，本例选取 B3：F3 单元格区域，如图 4-66 所示。

图 4-66　选取数据范围

（4）在"位置范围"中指定迷你图的放置位置，默认情况下显示已选定的单元格地址，此处不做改变。

（5）单击"确定"按钮，将迷你图插入到指定单元格中，如图 4-67 所示。

（6）迷你图是以背景方式插入到单元格中的，所以可以在含有迷你图的单元格中直接输入文本，并设置文本格式、为单元格填充背景颜色。

图 4-67　插入迷你图

（7）利用"设计"功能区的按钮可对迷你图的类型、样式、颜色等进行设置，如图 4-68 所示。

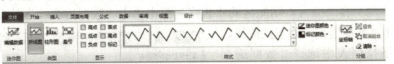

图 4-68 "设计"功能区

（8）拖动迷你图所在单元格的填充柄可以像复制公式一样填充迷你图。

2. 清除迷你图

迷你图不能用 Delete 键删除，如果要删除迷你图，可以选中迷你图所在的单元格，在"设计"功能区中单击"清除"下拉按钮，在下拉列表中选择"清除所选的迷你图"命令。

九 数据透视表

数据透视表是一种可以快速汇总大量数据的交互式方法。使用数据透视表可以深入分析数值数据，并且可以解决一些预计不到的数据问题，数据透视表具有以下特点：

（1）能以多种方式查询大量数据。

（2）可以对数值数据进行分类汇总和聚合，按分类和子分类对数据进行汇总，创建自定义计算和公式。

（3）展开或折叠要关注结果的数据级别，查看感兴趣区域的明细数据。

（4）将行移动到列或将列移动到行（或"透视"），以查看源数据的不同汇总结果。

（5）对最有用和最关注的数据子集进行筛选、排序、分组和有条件地设置格式。

（6）提供简明、有吸引力并且带有批注的联机报表或打印表。

数据透视图是以图形形式表示的数据透视表，和图表与数据区域之间的关系相同，各数据透视表之间的字段相互对应，如果更改了某一报表的某个字段位置，则另一报表中的相互字段位置也会改变。

在数据透视图中，除具有标准图表的系列、分类、数据标记和坐标轴外，数据透视图还有特殊的元素，如报表筛选字段、值字段、系列字段、项、分类字段等。

1. 创建数据透视表

创建数据透视表之前，要去掉所有的筛选和分类汇总结果。数据透视表是根据源数据列表生成的，源数据列表中每一列都成为汇总多行信息的数据透视表字段，列名称为数据透视表的字段名。

下面以"销售表"为例说明创建数据透视表的方法。

（1）打开素材中的"销售表"，选择要进行分类汇总的数据区域，如选取 A1：K32。

（2）在"插入"功能区的"表格"组中单击"数据透视表"按钮或单击"数据透视表"下拉按钮，在下拉列表中选择"数据透视表"命令。

（3）在打开的"创建数据透视表"对话框中，在"选择一个表或区域"中默认显示选取的区域，在"选择放置数据透视表的位置"中指定数据透视表的创建位置，单击"确定"按钮，如图 4-69 所示。

图 4-69 "创建数据透视表"对话框

（4）在新打开的工作表的右侧"数据透视表字段列表"窗格中，勾选"选择要添加到报表的字段"列表中的"时间""姓名""销售收入"复选框，得到一个初步的数据透视表。将"行标签"列表中的"姓名"选项，拖拽到"列标签"列表中，生成数据透视表如图 4-70 所示。

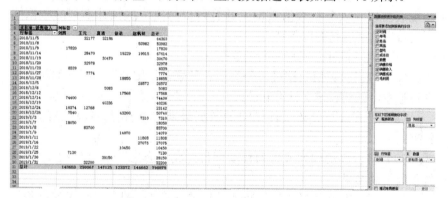

图 4-70 数据透视表

2．创建数据透视图

创建数据透视图的方法与创建数据透视表的方法类似，只是在第（2）步中，在"插入"功能区的"表格"组中单击"数据透视表"下拉按钮，选择"数据透视图"命令。按上述步骤创建数据透视图的结果如图 4-71 所示。

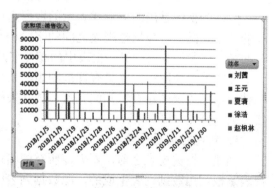

图 4-71 数据透视图

第六节 打印工作表

为了将排版好的表格打印出来，需要进行页面设置，包括选择纸张大小、页边距、页面方向、页眉和页脚、工作表的设置等。

一、页面设置

利用"页面布局"功能区按钮，可方便地进行页面设置，以满足不同的工作版面要求，如图 4-72 所示。

图 4-72 "页面布局"功能区

（1）在"页面设置"组中，单击"纸张大小"按钮，在下拉列表中提供了许多预定义的纸张大小，可以快速设置纸张大小。

（2）在"页面设置"组中，单击"纸张方向"按钮，可在下拉列表中选择"纵向"和"横向"两个方向。

（3）在"页面设置"组中，单击"页边距"按钮，在下拉列表中提供了"普通""窄""宽"等预定义的页边距，可以快速设置页边距。如在下拉列表中选择"自定义边距"命令，可在弹出的"页面设置"对话框的"页边距"选项卡中对边距和页脚、页眉高度进行具体设置。

（4）默认情况下打印工作表时会将整个工作表都打印输出，如果仅打印部分区域，可以选定要打印的单元格区域，在"页面设置"组中单击"打印区域"按钮，在下拉列表中选择"设置打印区域"命令即可。

（5）如果要使行和列在打印输出中更易于识别，可以显示打印标题。在"页面设置"组中单击"打印标题"按钮，打开"页面设置"对话框，如图 4-73 所示，在"打印标题"区域中输入标题所在的单元格区域即可。

（6）在"插入"功能区的"文本"组中单击"页眉和页脚"按钮，进入"设计"功能区，可利用"设计"功能区的按钮对页眉和页脚进行具体设置，如图 4-74 所示。

图 4-73 "工作表"选项卡

图 4-74 "设计"功能区

打印预览和打印输出

选择"文件"→"打印"命令，在窗口的右侧即可预览打印的效果，如图 4-75 所示。

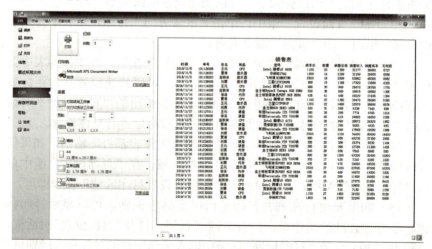

图 4-75 打印预览

如果对预览效果比较满意，就可以正式打印。在图 4-75 所示的窗口中,对打印选项进行相应设置,设置方法与 Word 2010 类似,此处不再赘述。单击"打印"按钮,即可开始打印。

本章小结

本章主要介绍了 Excel 2010 表格处理软件的基本功能、编辑操作方法。

Excel 2010 是 Microsoft Office 套装软件中的一员,它主要具有工作表管理、数据库的管理、数据分析和图表管理、对象的链接和嵌入、数据清单管理和数据汇总、数据透视表等功能。Excel 2010 窗口包括标题栏、快速访问工具栏、"文件"选项卡、功能区、单元格名称框、编辑栏、工作区、工作表切换区、状态栏等几个部分。一个 Excel 文件就是一个工作簿,工作簿名就是文件名。一个工作簿可以包含多个工作表,这样可使一个文件中包含多种类型的相关信息,用户可以将若干相关工作表组成一个工作簿,操作时不必打开多个文件,而是直接在同一文件的不同工作表中方便地切换。单元格是组成工作表的最小单位,每个工作表中只有一个单元格为当前工作的,叫作活动单元格。每一个单元格中的内容可以是数字、字符、公式、日期等,如果是字符,还可以是分段落的。多个相邻的呈矩形状的一片单元格称为单元格区域。每个区域有一个名字,称为区域名。Excel 允许用户向单元格输入文本、数字、日期与时间、公式等,并且自行判断所输入的数据是哪一种类型,然后进行适当的处理。Excel 区别于文字处理软件的一大特性就是数据分析与处理能力,而公式与函数是必须掌握的重点内容之一。Excel 提供了大量的函数和丰富的功能来创建复杂的公式。在 Excel 中,数据清单是包含相似数据组的带标题的一组工作表数据行,可以将"数据清单"看成是"数据库",其中,行作为数据库中的记录,列对应数据库中的字段,列标题作为数据库中的字段名称。在输入数据的时候,有些数据有它特定的要求,这个时候就要设置数据有效性。在查阅数据的时候,用户可利用 Excel 的数据排序功能使表中的数据按一定的顺序排列,以方便查看。Excel 提供了筛选功能,可以方便地在海量的表格数据中选出符合条件的数据行,而筛选掉(即隐藏)不满足条件的行。利用 Excel 的分类汇总功能可以把数据分类别进行统计,便于对数据的分析管理。若要汇总和报告多个单独工作表中数据的结果,可以利用 Excel 的合并计算功能将每个单独工作表中的数据合并到一个主工作表。Excel 除具有强大的计算功能外,还能够将数据或统计结果以各种统计图表的形式显示,使得数据更加形象、更加直观地反映数据的变化规律和发展趋势,供决策分析使用。迷你图是 Excel 2010 提供的一个新功能,它是插入到工作表单元格中的微型图表,可提供数据的直观显示。数据透视表是一种可以快速汇总大量数据的交互式方法。为了将排版好的表格打印出来,需要进行页面设置,包括选择纸张大小、页边距、页面方向、页眉和页脚、工作表的设置等。

课后习题

1. 建立"六月工资表"(表4-3),完成如下操作。

表4-3 六月工资表

姓名	部门	月工资	津贴	奖金	扣款	实发工资
李欣	自动化	496	303	420	102	1117
刘强	计算机	686	323	660	112	1557
徐白	自动化	535	313	580	108	1320
王晶	计算机	576	318	626	110	1410

(1)对内容进行分类汇总,分类字段为"部门",汇总方式为"求和",汇总项为"实发工资",汇总结果显示在数据下方。

(2)筛选出"实发工资"高于1 400元的职工名单。

2. 创建"成绩单"表(表4-4),完成如下操作。

表4-4 "成绩单"表

成绩单	(1)	(2)	(3)	(4)	(5)	(6)
学号	姓名	数学	英语	物理	哲学	总分
200401	王红	90	88	89	74	341
200402	刘佳	45	56	59	64	224
200403	赵刚	84	96	92	82	354
200404	李立	82	89	90	83	344
200405	刘伟	58	76	94	76	304
200406	张文	73	95	86	77	331
200407	杨柳	91	89	87	84	351
200408	孙岩	56	57	87	82	282
200409	田笛	81	89	86	80	336

(1)将标题"成绩单"设置为"宋体""20号"、蓝色、在A1:G1单元格区域"合并及居中"并为整个表格添加表格线。表格内字体为"14号"、水平居中、蓝色。

(2)筛选出数学不及格学生或数学成绩≥90的学生。

（3）将各科成绩中 80 分以上的设置为粗体蓝色，不及格的设置为红色斜体。

（4）利用公式或函数求各科的平均分。

3. 新建工作簿，将下列已知数据建立一抗洪救灾捐献统计表（存放在 A1：D5 的区域内），将当前工作表 Sheet1 更名为"救灾统计表"。

单位捐款（万元）	实物（件）	折合人民币（万元）
第一部门 1.95	89	2.45
第二部门 1.2	87	1.67
第三部门 0.95	52	1.30
总计		

（1）计算各项捐献的总计，分别填入"总计"行的各相应列中。（结果的数字格式为常规样式）。

（2）选"单位"和"折合人民币"两列数据（不包含总计），绘制部门捐款的三维饼图，要求有图例并显示各部门捐款总数的百分比，图表标题为"各部门捐款总数百分比图"。嵌入在数据表格下方（存放在 A8：E18 的区域内）。

第五章
PowerPoint 2010 演示文稿软件

学习目标

通过本章的学习，了解 PowerPoint 2010 的基本功能和界面；掌握创建演示文稿、制作幻灯片、设置幻灯片交互效果、放映幻灯片和输出演示文稿的方法。

能力目标

能熟练应用 PowerPoint 2010 的各种操作技巧进行演示文稿的制作，并能在不同场合下应用不同方式进行放映。

第一节　PowerPoint 2010 概述

PowerPoint 2010 的基本功能

PowerPoint 2010 是微软推出的制作演示文稿的专用工具，利用 PowerPoint 2010 可以创建、查看和演示组合了文本、形状、图片、图形、动画、图表、视频等各种内容的幻灯片放映。演示文稿的主要用途是辅助演讲，它是进行学术交流、产品展示、阐述计划、实施方案的重要工具，能够形象直观并极富感染力的表达出演讲者所要表述的内容。

一份完整的演示文稿通常由一组关联的幻灯片组成，即演示文稿是一个".pptx"文件，而幻灯片是演示文稿中的一个页面。

PowerPoint 2010 具有强大的展示功能，为了满足用户对图形展示工作的需要，PowerPoint 2010 提供了许多功能强大文字排版、图形创作及图片展示工具，尤其在计算机多媒体展示方面做了大量的改进，在幻灯片展示中，幻灯片中的每一个对象都可以为其规定动作，使对象在放映时运动起来，还可以为动作配上声音，同时，还可以嵌入动画和影片等。

启动 PowerPoint 2010

启动 PowerPoint 2010 通常采用以下几种方法：
（1）在"开始"菜单中选择"所有程序"→"Microsoft Office"→"Microsoft PowerPoint 2010"命令。
（2）双击桌面上的 PowerPoint 2010 图标。
（3）双击某个"演示文稿"文件（扩展名为 pptx）。

认识 PowerPoint 2010 界面

启动 PowerPoint 2010 后，会自动创建文件名为"演示文稿 1"的演示文稿，如图 5-1 所示。PowerPoint 2010 界面包括标题栏、快速访问工具栏、"文件"选项卡、功能区、标尺、工作区、滚动条、状态栏等几部分。

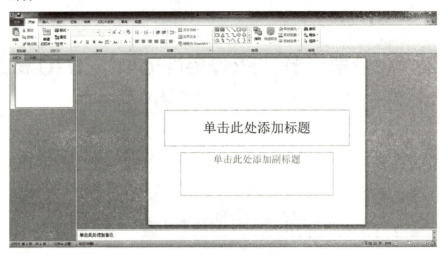

图 5-1　PowerPoint 2010 界面

四　创建新演示文稿

创建新演示文稿有根据"空白演示文稿"创建、根据"可用模板和主题"和"Office.com 模板"创建、根据现有内容创建三种方式。

1．根据"空白演示文稿"创建

选择"文件"→"新建"命令，在窗口中选择"空白演示文稿"，单击"创建"按钮，即可从一个空白幻灯片开始创建演示文稿，如图 5-2 所示。

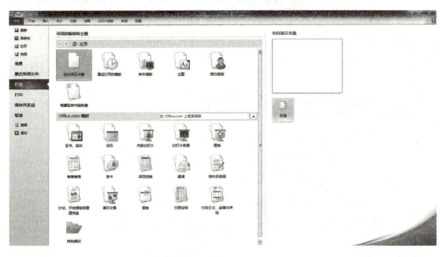

图 5-2　空白演示文稿

2．根据"可用模板和主题"和"Office.com 模板"创建

在图 5-2 所示的窗口中，可以在"可用模板和主题"和

"Office.com 模板"中选择模板或主题创建演示文稿，这些模板已预设幻灯片的主要版式、配色和背景。

3. 根据现有内容创建

在图 5-2 所示的窗口中选择"根据现有内容创建"，弹出"根据现有演示文稿新建"对话框，如图 5-3 所示。在对话框中可选择现有演示文稿，单击"打开"按钮即可从一个现有演示文稿开始创建。

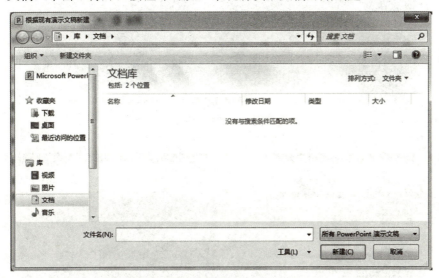

图 5-3　"根据现有演示文稿新建"对话框

五　查看演示文稿的视图方式

PowerPoint 2010 提供了普通视图、幻灯片浏览、备注页、阅读视图四种视图方式。用户可根据需要，以不同的方式显示文稿内容。

利用"视图"功能区的"演示文稿视图"组中的相应按钮，可在这四种视图之间进行切换；也可在"状态栏"中单击相应按钮进行切换。

1. 普通视图

普通视图是默认的视图方式，又可分为大纲模式和幻灯片模式。用户可以在窗口左侧的面板中进行大纲模式和幻灯片模式的切换。

（1）幻灯片模式。对具有图形、表格或其他非文本对象的幻灯片进行编辑时，使用这一视图模式更加方便，如图 5-4 所示。窗口的左侧列出了每张幻灯片的缩略图，查找幻灯片时可在缩略图中进行选择。

（2）大纲模式。大纲模式适用于编辑幻灯片里的具体内容，如图 5-5 所示。在大纲模式下，可在窗口左侧直接编辑幻灯片文本。

2. 幻灯片浏览视图

幻灯片浏览视图模式可以以全局的方式浏览演示文稿的幻灯片，在窗口中同时显示多张幻灯片缩略图，如图 5-6 所示，单击每个缩略图下的 按钮，还可以预览幻灯片的切换和动画效果。

图 5-4　幻灯片模式

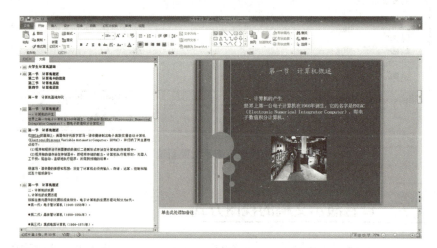

图 5-5　大纲模式

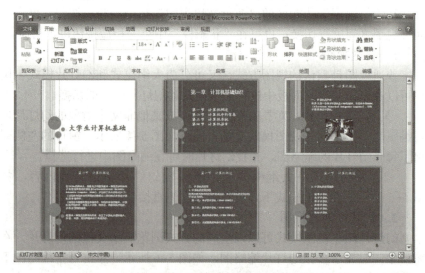

图 5-6　幻灯片浏览视图

3. 备注页视图

在备注页视图中，将在幻灯片下方显示幻灯片的注释页，用户可以输入或编辑备注页的内容，如图 5-7 所示。在该视图模式下，备注页上方显示的是当前幻灯片的内容缩略图，用户无法对幻灯片的内容进行编辑。

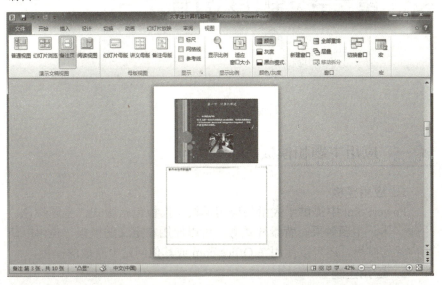

图 5-7　备注页视图

4. 阅读视图

阅读视图可将演示文稿作为适应窗口大小的幻灯片放映查看，视图只保留幻灯片窗口、标题栏和状态栏，用于幻灯片制作完成后的简单放映浏览，如图 5-8 所示。

图 5-8　阅读视图

第二节 制作幻灯片

一 应用主题和模板

1. 应用模板

PowerPoint 中提供了大量的应用模板，模板包括版式、主题颜色、主题字体、主题效果、背景样式等。可以使用自定义的模板，也可以使用内置的模板，还可以使用在 Office.com 或其他网站上获取的模板。

2. 应用主题

主题是一种包含了背景、字体选择、对象效果的组合。PowerPoint 提供了大量的内置主题，用户可直接在主题库中选择使用，可也通过自定义方式修改主题的颜色、字体和背景，形成自定义主题。

打开演示文稿，在"设计"功能区的"主题"组，显示了部分主题列表，将鼠标指针移到某个主题上，会在工作区显示该主题的样式，便于用户进行主题选择，如图 5-9 所示。单击主题列表右下角的"其他"按钮，可以显示全部内置主题，如图 5-10 所示。在图 5-10 所示界面选择"浏览主题"命令，可选择外部主题。

图 5-9　主题样式

图 5-10 所有主题

若只设置部分幻灯片主题，可选择欲设置主题幻灯片，在某主题上单击鼠标右键，在快捷菜单中选择"应用于选定幻灯片"命令，则所选幻灯片按该主题效果更新，其他幻灯片不变。

对已应用主题的幻灯片，也可以更改主题颜色、主题字体和主题效果，自定义主题设计，具体可通过"设计"功能区的"主题"组中的"颜色""字体""效果"按钮进行相应设置。

3. 应用背景设置

幻灯片的主题背景通常是预设的背景格式，与内置主题一起供用户使用，用户也可以对主题的背景样式重新设置，创建符合演示文稿内容要求的背景填充样式。PowerPoint 为每个在护体提供了 12 种背景样式，如选用图 5-9 所示的主题，在"设计"功能区的"背景"组中单击"背景样式"按钮，在下拉列表中会列出 12 种适用于本主题的背景，如选择"样式 12"，图 5-9 所示主题的背景变成图 5-11 所示的样式。

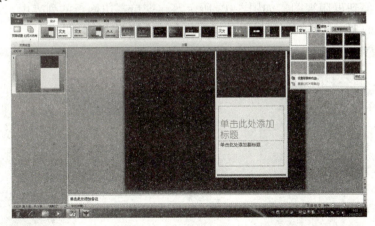

图 5-11 设置背景样式

用户也可以对背景进行颜色、填充方式、图案和纹理等进行重新设置。在图 5-11 所示的界面选择"设置背景格式"命令，打开"设置背景格式"对话框，可对背景格式进行详细设置，如图 5-12 所示。

图 5-12 "设置背景格式"对话框

同样，背景样式也可选择"应用于所选幻灯片"或"应用于所有幻灯片"。

4．应用幻灯片母版

每个演示文稿至少包括一个幻灯片母版，幻灯片母版是幻灯片层次结构中的顶层幻灯片样式，用于存储有关演示文稿的主题和幻灯片版式的信息；每个幻灯片母版包括若干个幻灯片版式，涉及背景、颜色、字体、效果、占位符大小和位置等。可以根据需要对母版的前景、背景颜色、图形格式和文本格式等属性进行重新设置，对母版的修改会直接作用到演示文稿中使用该模板的幻灯片上。

在"视图"功能区的"母版视图"组中单击"幻灯片母版"按钮，将切换到母版视图，如图 5-13 所示。在窗口左边面板的列表中，显示稍大的缩略图是幻灯片母版，其后几个稍小的缩略图是版式。

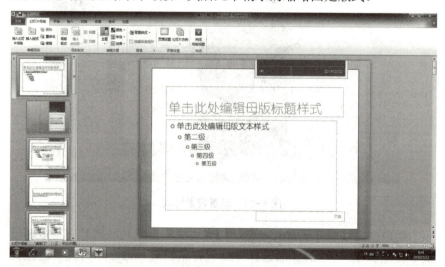

图 5-13 母版视图

(1) 添加、设置版式的具体操作如下：

1) 选择某版式，如图 5-13 所示，在"幻灯片母版"功能区的"编辑母版"组中单击"插入版式"按钮，如图 5-14 所示，将在该版式后插入一个新的版式。

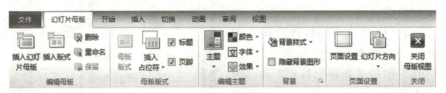

图 5-14 "幻灯片母版"功能区

2) 选择某版式，在"幻灯片母版"功能区的"母版版式"组中，勾选"标题""页脚"的复选框，可对版式的标题和页脚进行设置；单击"插入占位符"按钮，在下拉列表中选择插入的占位符对象，如图 5-15 所示，在工作区中单击，可确定占位符的大小和位置。

3) 利用"幻灯片母版"的"编辑主题""背景"组中的按钮，可对主题样式、颜色、字体、效果，背景样式等进行设置。

4) 在"幻灯片母版"功能区的"关闭"组中单击"关闭"按钮，即可关闭母版视图。

(2) 添加、设置幻灯片母版的具体操作如下：

1) 在"幻灯片母版"功能区的"编辑母版"组中单击"插入幻灯片母版"按钮，如图 5-14 所示，将插入一个带若干版式的幻灯片母版，如图 5-16 所示。

图 5-15 插入占位符对象

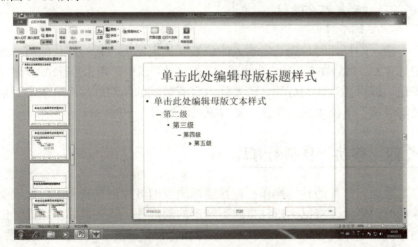

图 5-16 插入幻灯片母版

2）选择该幻灯片母版下的某版式，可按上述方法进行设置。

3）在"幻灯片母版"功能区的"关闭"组中单击"关闭"按钮，关闭母版视图。

4）设置好的幻灯片母版、版式，会出现在"开始"功能区的"幻灯片"组的"新建幻灯片"和"版式"下拉列表中，用户可以在插入幻灯片或更改幻灯片版式时直接使用，如图 5-17 所示。

选定幻灯片

1．选定单张幻灯片

选定单张幻灯片，在普通视图或幻灯片浏览视图中，单击相应的幻灯片即可。

2．选定多张幻灯片

若要选定相邻的多张幻灯片，在普通视图或幻灯片浏览视图中，先选中第一张幻灯片，然后按 Shift 键并单击最后一张幻灯片。若要选定不相邻的多张幻灯片，在普通视图或幻灯片浏览视图中，按住 Ctrl 键不放，依次单击要选择的幻灯片。

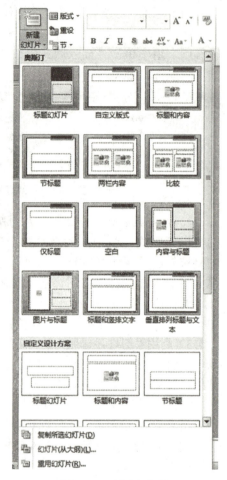

图 5-17　新建幻灯片

插入新幻灯片

插入幻灯片时，先选定插入的位置（选定要插入新幻灯片的前一张幻灯片），然后在"开始"功能区的"幻灯片"组中，单击"新建幻灯片"按钮，即可插入新幻灯片。若要插入带有版式的新幻灯片，可单击"新建幻灯片"下拉按钮，选取需要的版式，如图 5-17 所示。

四　移动　复制幻灯片

移动幻灯片的具体操作：在普通视图或幻灯片浏览视图中，选定要移动的幻灯片，将鼠标指针指向所选定的幻灯片，按住鼠标左键进行拖动，窗口中会出现一条示意"插入点"线，在目标位置处松开鼠标左键，幻灯片即被移动到目标位置。

若要复制幻灯片，则按住 Ctrl 键进行拖动即可。

五 删除幻灯片

选定要删除的幻灯片，按 Delete 键直接删除，或者单击鼠标右键，在快捷菜单中选择"删除幻灯片"命令。

六 编辑演示文稿

1．输入和编辑本文对象

文本对象是幻灯片的基本要素，也是演示文稿中最重要的组成部分，将文本输入到适当的位置可以使幻灯片更清楚地说明问题。

在显示"单击此处添加标题""单击此处添加文本"之类的占位符内单击，出现闪烁的插入点，即可输入文本。

若要在"占位符"之外添加文本，可使用"文本框"来输入和编辑文本。在"插入"功能区的"文本"组中单击"文本框"按钮，在幻灯片上添加文本的位置拖动出一个矩形框，即可在文本框中输入文本。

Powerpoint 2010 中文本框内文字的编辑方法与 Word 2010 基本相同。

2．插入图像和艺术字

（1）插入剪贴画。在"插入"功能区的"图像"组中单击"剪贴画"按钮，可在右侧窗格中通过搜索选择一副剪贴画进行插入，这幅剪贴画就出现在当前幻灯片上。可以拖动剪贴画将它放到幻灯片的任意位置，也可以拖动剪贴画周围的尺寸柄，改变它的大小。

（2）插入图片。在"插入"功能区的"图像"组中单击"图片"按钮，在弹出的"插入图片"对话框中选取图片，单击"打开"按钮即将此图片插入当前幻灯片。同样可通过拖动改变图片大小和位置。

（3）插入艺术字。在"插入"功能区的"文本"组中单击"艺术字"按钮，在下拉列表中选择一种样式，然后在幻灯片工作区输入艺术字内容，则所输入的文字就按所选择的艺术字样式出现在当前幻灯片上。同样可通过拖动改变艺术字的大小和位置。

3．插入形状

利用"插入"功能区的"插图"组中的"形状"按钮可插入形状，包括"线条""连接符""箭头总汇""流程图""星与旗帜""标注""动作按钮"等，具体操作与 Word 2010 类似。

4．插入图表和表格

（1）插入图表。在"插入"功能区的"插图"组中单击"图表"按钮，打开"插入图表"对话框，如图 5-18 所示。在对话框中选择需要的图表，单击"确定"按钮，会弹出一个带有数据（里面的数据是示例）的 Excel 工作簿窗口，如图 5-19 所示，并在当前幻灯片上插入了一个图表，如图 5-20 所示。用户在 Excel 工作簿窗口中输入自己需要的数据，即可在幻灯片上得到相应的图表。

（2）插入表格。利用"插入"功能区的"表格"组中的"表格"按钮，可像 Word 2010 一样插入表格。

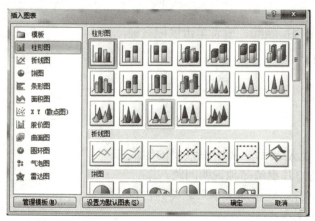

图 5-18 "插入图表"对话框

图 5-19 Excel 工作簿

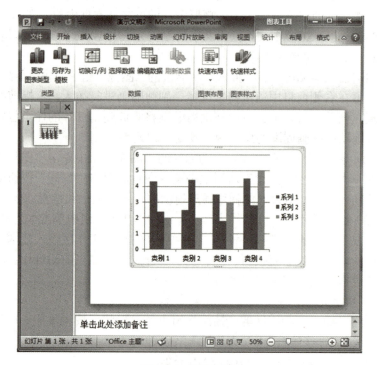

图 5-20 插入图表

第三节　幻灯片交互效果

PowerPoint 2010 提供了幻灯片与用户之间的交互功能，用户可以为幻灯片的各种对象设置放映时的动画效果，还可以为每张幻灯片设置放映时的切换效果，甚至可以规划动画路径。

一　动画

PowerPoint 2010 有以下四种不同类型的动画效果：

（1）"进入"效果：设置对象从外部进入或出现幻灯片播放画面的方式，如飞入、旋转、淡入等。

（2）"退出"效果：设置播放画面中的对象离开播放画面时的方式，如飞出、消失、淡出等。

（3）"强调"效果：设置播放画面中的对象需要进行突出显示的方式，如放大/缩小、更改颜色、沿着中心旋转等。

（4）"动作路径"：动作路径是指定对象或文本沿行的路径。其是幻灯片动画序列的一部分。使用这些效果可以使对象上下移动、左右移动或者沿着星形或圆形图案移动。

1. 为对象预设动画

（1）选中要设置动画的幻灯片中的对象，在"动画"功能区的"动画"组中直接选择动画样式；也可单击动画列表框右下角的"其他"按钮，在出现的四类动画下拉列表中选择动画样式，如图 5-21 所示。

（2）如果在四类动画下拉列表中没有满意的动画设置，可以在图 5-21 所示的界面选择"更多进入效果""更多强调效果""更多退出效果""其他动作路径"命令，获取更多动画效果。

2. 设置动画效果

（1）动画设置效果。选中幻灯片中的对象，并在"动画"功能区的"动画"组中选择一个动画，单击"效果选项"按钮，可在下拉列表中选择动画效果，如图 5-22 所示，"效果选项"下拉列表中列出了"飞入"的效果。

（2）设置动画播放时间和速度。

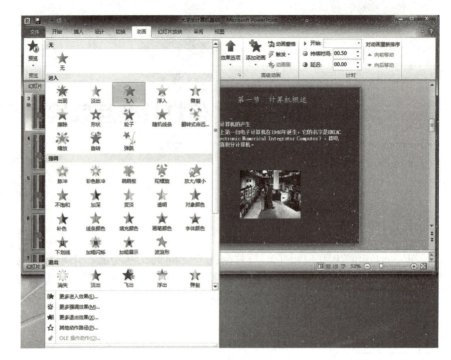

图 5-21 动画方式

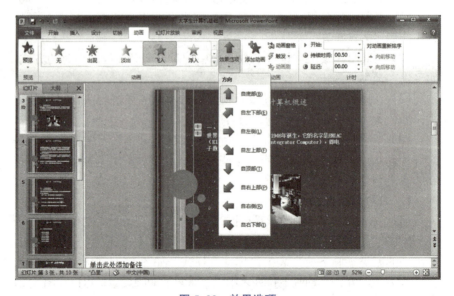

图 5-22 效果选项

1）在"动画"功能区的"计时"组中单击"开始"框后的下拉按钮，如图 5-23 所示，可在下拉列表中选择"单击时""与上一动画同时""上一动画之后"命令，对动画设置开始计时的方式。

2）在"计时"组的"持续时间"文本框中输入时间值，可以设置动画放映过程的时间，时间越长，放映速度越慢。

3）在"计时"组的"延迟"文本框中输入时间值，可以设置动画放映时的延迟时间。

图 5-23 "计时"组

3. 使用动画窗格

当对幻灯片中的多个对象设置动画后，可以按设置时的顺序播放，也可以调整动画的播放顺序。

（1）选中设置了多个对象动画的幻灯片，在"动画"功能区的"高级动画"组中，单击"动画窗格"按钮，在窗口右侧出现"动画窗格"，列出了当前幻灯片中设置动画的对象名称和对应的动画顺序，如图 5-24 所示。

（2）在"动画窗格"中某一对象名称上单击鼠标右键，可通过快捷菜单对动画方式进行修改，如图 5-24 所示。

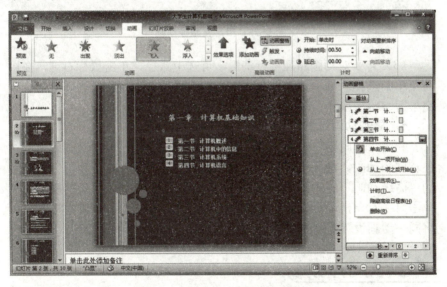

图 5-24 动画窗格

（3）在"动画窗格"中，使用鼠标拖动每个对象名称后的时间条及其边框，可改变动画放映的时间及长度。

（4）选择"动画窗格"中的某对象名称，利用窗格下方的"重新排序"中上移和下移按钮，或拖动窗口中的对象名称，可以改变幻灯片中对象的动画播放顺序。

4. 自定义路径动画

（1）选择幻灯片中的对象，在"动画"功能区的"高级动画"组中，单击"添加动画"按钮，在下拉列表中选择"自定义路径"命令。

(2)将鼠标指针移至幻灯片上,鼠标指针变成"+"字形时,单击建立路径的起始点,移动鼠标在合适位置继续单击,画出自定义的路径,双击鼠标结束绘制,之后动画会按路径预览一次,如图 5-25 所示。

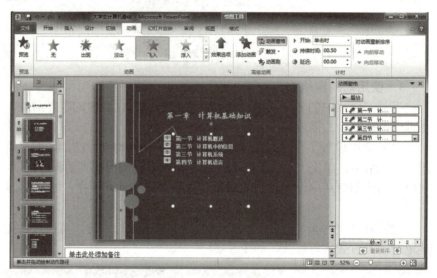

图 5-25 自定义路径动画

(3)若要对动画路径进行编辑,可选中路径,单击鼠标右键,在快捷菜单中选择"编辑顶点"命令,拖动编辑顶点进行路径的修改。修改完毕后,单击鼠标右键,选择"退出节点编辑"命令。

5. 复制动画设置

利用"动画刷"按钮,可以将某对象设置成与已设置动画效果的对象相同的动画。选择幻灯片上设置好动画的某对象,在"动画"功能区的"高级动画"组中单击"动画刷"按钮,可以复制该对象的动画,在单击另一对象,动画设置就复制到该对象上。双击"动画刷"按钮,可将同一动画设置复制到多个对象上。

 二 幻灯片切换

幻灯片之间的出现和退出衔接称为幻灯片切换。当放映一个演示文稿时,可首先设置幻灯片切换的动画效果。

(1)选择要设置幻灯片切换效果的一张或多张幻灯片,在"切换"功能区"切换到此幻灯片"组中选取切换方式;若没有合适的切换方式,可单击切换列表框右下角的"其他"按钮,在下拉列表的"细微型""华丽型""动态内容"中进行选择,如图 5-26 所示。

(2)若对默认切换方式不满意,可以修改其切换属性,包括效果选项、换片方式、持续时间和声音效果。

在"切换"功能区的"切换到此幻灯片"组中单击"效果选项"按钮,

在下拉列表中可选择切换效果；在"计时"组中可对声音、换片方式、持续时间进行设置，如图 5-27 所示。

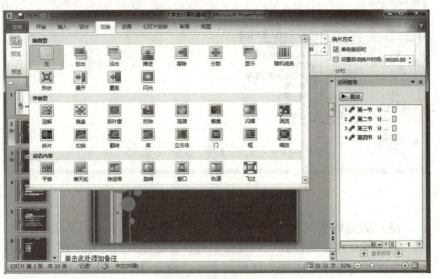

图 5-26　切换方式

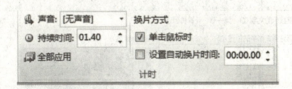

图 5-27　"计时"组

（3）在"切换"功能区的"预览"组中，单击"预览"按钮，可预览幻灯片所设置的切换效果。

 幻灯片超链接

用户可以在演示文稿中插入超链接，通过超链接，在放映幻灯片时，可以从当前幻灯片跳转到其他不同的位置，如跳转到本文稿中其他幻灯片处，跳转到某个文件，跳转到某个网站，跳转到电子邮件地址等。

1. 设置超链接

（1）选中要建立超链接的对象，在"插入"功能区的"链接"组中单击"超链接"按钮；或者单击鼠标右键，在快捷菜单中选择"超链接"命令。

（2）在打开的"插入超链接"对话框中，在左侧有链接到"现有文件或网页""本文档中的位置""新建文档""电子邮件地址"四个选项，如图 5-28 所示。用户可根据需要选择适合的方式。

图 5-28 "插入超链接"对话框

(3) 如选取"本文档中的位置",则对话框选项如图 5-29 所示。在"请选择文档中的位置"列表框中选择要链接的幻灯片,在"幻灯片预览"区域会显示选中的幻灯片。单击"确定"按钮,即可完成超链接设置。

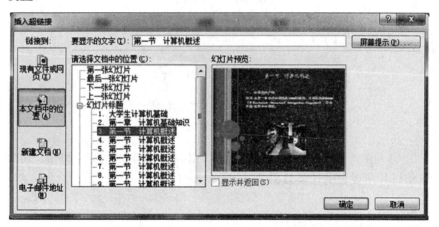

图 5-29 "插入超链接"对话框

(4) 如要改变超链接设置,可选择已设置超链接的对象,单击鼠标右键,在快捷菜单中选择"编辑超链接"命令,可以重新设置超链接。如要取消超链接,可在右键快捷菜单中选择"取消超链接"命令。

2. 设置动作

(1) 选中要建立动作的对象,在"插入"功能区的"链接"组中单击"动作"按钮。

(2) 打开"动作设置"对话框,有"单击鼠标"和"鼠标移过"两种动作触发方式,如图 5-30 所示。

(3) 动作可设置为"无动作""超链接到""运行程序""运行宏""对象动作"。如选择"超链接到"单选按钮,则可在下拉列表中选择链接到的位置,如图 5-30 所示。

（4）如要设置声音，可勾选"播放声音"复选框，在下拉列表中选取动作时的声音。

（5）单击"确定"按钮，完成动作设置。

图 5-30 "动作设置"对话框

第四节 幻灯片的放映和输出

一 幻灯片的放映

PowerPoint 2010 可以根据用户或观众的需求,以多种方式放映幻灯片。如可将演示文稿保存为每次打开时自动放映的类型;或从 PowerPoint 启动幻灯片放映。在展台或摊位上,通常使用自动运行的演示文稿,循环重复放映。

1. 放映幻灯片

在 PowerPoint 2010 中放映幻灯片,有以下几种方法:

(1)单击"状态栏"中的"幻灯片放映"按钮 。

(2)在"幻灯片放映"功能区的"开始放映幻灯片"组中,单击"从头开始"按钮或"从当前幻灯片开始"按钮。

按 F5 键(从头开始放映)或 Shift+F5 组合键(从当前幻灯片开始放映)。

在放映过程中,可以按 Esc 键结束放映;也可以单击鼠标右键,在快捷菜单中选择上一张、下一张、结束放映或其他放映设置。

2. 设置放映方式

若不采用默认的放映方式,可以自行进行设置。

(1)单击"幻灯片放映"功能区的"设置"组中的"设置幻灯片放映"按钮,打开"设置放映方式"对话框,如图 5-31 所示。

(2)在"放映类型"区域,有"演讲者放映(全屏幕)""观众自行浏览(窗口)""在展台浏览(全屏幕)"三种类型。

1)"演讲者放映(全屏幕)":全屏幕放映,适合会议或教学场合,放映过程完全由演讲者控制。

2)"观众自行浏览(窗口)":展览会上若允许观众交互式控制放映过程,适合采用这种方式。这种放映方式,在放映时观众可以利用窗口右下方的左、右箭头,切换到前一张或后一张幻灯片。单击两箭头之间的"菜单"按钮,在弹出的放映控制菜单中,选择"定位至幻灯片"命令,可快速切换到指定的幻灯片,如图 5-32 所示。

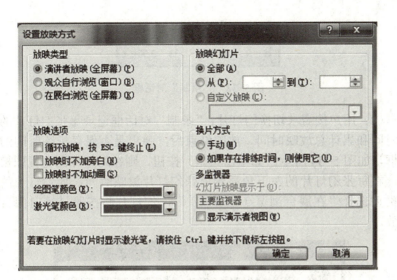

图 5-31 "设置放映方式"对话框

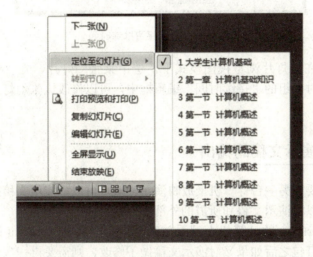

图 5-32 放映控制菜单

3)"在展台浏览(全屏幕)":采用全屏幕放映,使用展示产品的橱窗和展览会上自动播放产品信息的展台,可手动播放,也可采用事先排练好的演示时间自动循环播放。

(3) 在"放映幻灯片"区域,可以设置幻灯片的放映范围。

(4) 在"放映选项"区域,可以设置幻灯片放映时是否循环,是否加旁白和动画,以及绘图笔和激光笔的颜色。

(5) 在"换片方式"区域,可以选择控制放映速度的换片方式。

(6) 设置完成后,单击"确定"按钮。

3. 排练计时

(1) 在"幻灯片"功能区的"设置"组中单击"排练计时"按钮,此时,幻灯片进行播放,并弹出一个"录制"对话框,如图 5-33 所示,显示当前幻灯片的放映时间和当前的总放映时间。

图 5-33　"录制"对话框

（2）用户按需求切换幻灯片，"录制"对话框记录每张幻灯片的放映时间和累计总放映时间。放映结束后，弹出是否保存排练时间的对话框，如图 5-34 所示。如单击"是"按钮，则在幻灯片浏览视图模式下，在每张幻灯片的左下角显示该张幻灯片放映时间；如幻灯片的放映类型选择"在展台浏览（全屏幕）"，幻灯片将按照排练时间自行播放。

图 5-34　是否保留排练时间

（3）在幻灯片浏览视图模式下，选中某张幻灯片，在"切换"功能区"计时"组的"持续时间"编辑框中，可以修改该张幻灯片的放映时间。

演示文稿的输出

如果要在另一台计算机上放映演示文稿，可以将演示文稿打包。通过打包可以将演示文稿和所需的外部文件和字体打包到一起，如果要在没有 PowerPoint 的计算机上观看放映，则可以将 PowerPoint 播放器打包进去。打包之后如果又对演示文稿做了修改，则需要再一次运行打包向导。

打包的具体操作如下：

（1）选择"文件"→"保存并发送"→"将演示文稿打包成 CD"→"打包成 CD"命令，如图 5-35 所示，将弹出"打包成 CD"对话框，如图 5-36 所示。

（2）在"要复制的文件"列表中，显示了当前要打包的演示文稿，若希望将其他演示文稿也一起打包，则单击"添加"按钮，添加要打包的文件。

图 5-35　打包

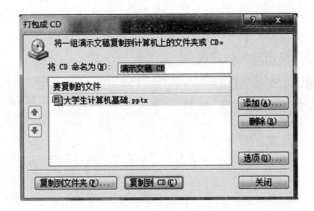

图 5-36　"打包成 CD"对话框

（3）单击"复制到文件夹"按钮，打开"复制到文件夹"对话框，设置文件夹名称和位置后，如图 5-37 所示，单击"确定"按钮即可开始复制到文件夹。

图 5-37　"复制到文件夹"对话框

（4）若单击"复制到 CD"按钮，则直接打包到 CD。
（5）在默认情况下，打包应包含于演示文稿相关的"链接文件"

和"嵌入的 TrueType 字体",若想更改这些设置,可在"打包成 CD"对话框中单击"选项"按钮,在打开的"选项"对话框中进行设置,如图 5-38 所示。还可以在"选项"对话框中设置打开、修改演示文稿所用的密码。

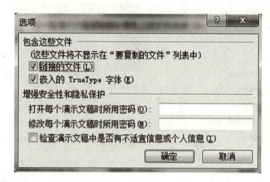

图 5-38 "选项"对话框

打包之后,在目标文件夹中会出现如图 5-39 所示的文件。如果没有 CD 盘,可以选择将其存为视频格式。选择"文件"→"保存并发送"→"创建视频"命令,在打开的"另存为"对话框中选择保存位置,单击"保存"按钮即可创建视频。

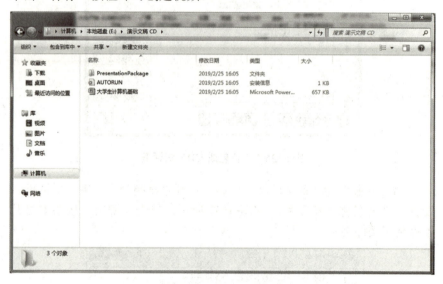

图 5-39 打包后的文件

三、演示文稿的打印

演示文稿的各张幻灯片制作好后,可以将所有的幻灯片以一页一张的方式进行打印;或者以多张为一页的方式打印;或者只打印备注页;或者以大纲视图的方式打印。

1. 页面设置

在"设计"功能区的"页面设置"组中单击"页面设置"按钮,打开"页面设置"对话框,如图 5-40 所示。

图 5-40 "页面设置"对话框

在"页面设置"对话框中可以设置幻灯片大小、幻灯片编号起始值、方向等,设置完毕后,单击"确定"按钮即可。

2. 打印

(1)选择"文件"→"打印"命令,窗口如图 5-41 所示。

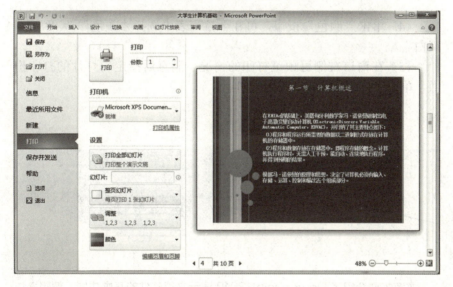

图 5-41 打印设置

(2)单击"打印全部幻灯片"按钮,可在下拉列表中选择"打印全部幻灯片""打印所选幻灯片""打印当前幻灯片""自定义范围"。

(3)单击"整页幻灯片"按钮,可在下拉列表中选择"整页幻灯片""备注页""大纲"的打印版式,或是在"讲义"中设置多少张幻灯片打印在一张纸上,如图 5-42 所示。

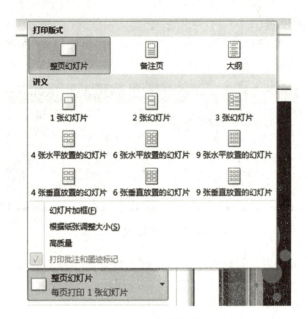

图 5-42 打印版式

（4）单击"颜色"按钮，可在下拉列表中选择"颜色""灰度""纯黑白"。

（5）在窗口右侧可预览打印的情况。满意后指定幻灯片的打印份数，单击"打印"按钮，开始打印。

本章主要介绍了 PowerPoint 2010 演示文稿软件的基本功能、编辑操作方法以及演示文稿的放映与输出。

PowerPoint 2010 是微软推出的制作演示文稿的专用工具，利用 PowerPoint 2010 可以创建、查看和演示组合了文本、形状、图片、图形、动画、图表、视频等各种内容的幻灯片放映。一份完整的演示文稿通常由一组关联的幻灯片组成，即演示文稿是一个".pptx"文件，而幻灯片是演示文稿中的一个页面。PowerPoint 2010 提供了普通视图、幻灯片浏览、备注页、阅读视图四种视图方式。用户可根据需要，以不同的方式显示文稿内容。PowerPoint 中提供了大量的应用模板，模板可以包括版式、主题颜色、主题字体、主题效果、背景样式等。可以使用自定义的模板，也可以使用内置的模板，还可以使用在 Office.com 或其他网站上获取的模板。PowerPoint 提供了大量的内置主题,用户可直接在主题库中选择使用,可也通过自定义方式修改主题的颜色、字体和背景,形成自定义主题。PowerPoint 2010 提供了幻灯片与用户之间的交互功能,用户可以为幻灯片的各种对象设置放映时的动画效果,还可以为每张幻灯片设置放映时的切换效果,甚至可以规划动画路径。PowerPoint 2010 可以根据用户或观众的需求,以多种方式放映幻灯片。如可将演示文稿保存为每次打开时自动放映的类型;或从 PowerPoint 启动幻灯片放映。如果要在另一台计算机上放映演示文稿,可以将演示文稿打包。通过打包可以将演示文稿和所需的外部文件和字体打包到一起,如果要在没有 PowerPoint 的计算机上观看放映,则可以将 PowerPoint 播放器打包进去。演示文稿的各张幻灯片制作好后,可以将所有的幻灯片以一页一张的方式进行打印;或者以多张为一页的方式打印;或者只打印备注页;或者以大纲视图的方式打印。

课后习题

1. 制作一份关于"毕业设计答辩"的演示文稿。

制作演示文稿的基本步骤:

(1)搜集素材,对素材进行筛选和提炼。

(2)制作静态幻灯片并进行修饰美化。

(3)设置幻灯片的切换方式、添加动画效果等使幻灯片页面活泼、生动。

(4)放映演示文稿。

(5)浏览修改。

2. 制作一份商品的演示文稿。

制作演示文稿的基本步骤:

(1)自行搜集相关资料,对商品的展示内容进行筛选和提炼。

(2)制作静态幻灯片并进行修饰美化,注意突出商品的主要特性。

(3)设置幻灯片的切换方式、动画效果,使商品的演示具有吸引力。

(4)设置放映方式为"在展台浏览(全屏幕)",排练好演示时间自动循环播放。

(5)将演示文稿打包到教师计算机上,并向大家展示自己制作的商品演示文稿。

第六章
计算机网络基础知识

学习目标

通过本章的学习,了解计算机网络的分类、结构与组成;理解 IP 地址和域名地址,接入 Internet 的常用方法;掌握代理服务器软件、IE 浏览器、电子邮件、搜索引擎的使用方法。

能力目标

能对计算机网络的组成、网络协议有基本的认识,能应用 IE 浏览器浏览、搜索、保存网页,能收发电子邮件。

第一节　计算机网络概述

 计算机网络的概念

按照资源共享的观点，网络是指将地理位置不同的具有独立功能的多台计算机及其外部设备，通过通信线路连接起来，在网络操作系统，网络管理软件及网络通信协议的管理和协调下，实现资源共享和信息传递的计算机系统。

两台或两台以上的计算机由一条电缆相连接就形成了最基本的计算机网络。无论多么复杂的计算机网络都是由它发展来的，如图6-1所示。

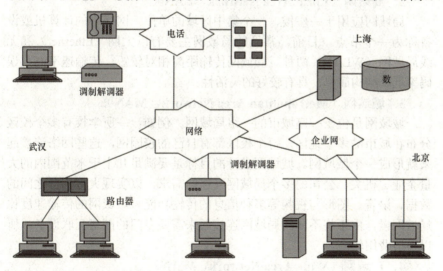

图6-1　计算机网络示意

计算机网络的功能主要表现在以下几个方面：

（1）通信功能。现代社会信息量激增，信息交换也日益增多，每年有几万吨信件要传递。利用计算机网络传递信件是一种全新的电子传递方式。

（2）资源共享。在计算机网络中，存在许多昂贵的资源，如大型数据库、巨型计算机等。这些资源并非为每一用户所拥有，而是以共享资源的形式提供。

（3）分布式处理。一项复杂的任务可以划分成许多部分，由网络内各计算机分别协作并行完成有关部分，提高整个网络系统的处理能力。

（4）集中管理和高可靠性。计算机网络技术的发展和应用，使现代的办公手段和经营管理发生了变化，如不少企事业单位都开发和使用了基于网络的管理信息系统（Management Information Systems，MIS）等软件，通过这些系统可以实现日常工作的集中管理，并大大提高了工作效率。可靠性高表现在网络中的各台计算机可以通过网络彼此互为后备机，另外，当网络中某个子系统出现故障时，可由其他子系统代为处理。

二 计算机网络的分类

计算机网络按照其规模大小和覆盖范围可以分为个人网、局域网、城域网和广域网等。

1. 个人网（Personal Area Network，PAN）

个人网是指用于连接个人的计算机和其他信息设备，如智能手机、打印机、扫描仪和传真机等。个人网的范围一般不超过 10 米，设备通常通过 USB 连接，或者通过蓝牙、红外线等无线方式连接。

2. 局域网（Local Area Network，LAN）

局域网应用于一座楼、一个集中区域的单位。网络中的计算机或设备称为一个节点。目前，常见的局域网主要有以太网（Ethernet）和无线局域网（WLAN）两种。局域网传输距离相对较短、传输速率高、误码率低、结构简单，具有较好的灵活性。

3. 城域网（Metropolitan Area Network，MAN）

城域网是位于一座城市的一组局域网。例如，一所学校有多个校区分布在城市的多个地区，每个校区都有自己的校园网，这些网络连接起来就形成一个城域网。城域网设计的目标是要满足几十千米范围内的大量企业、机关、公司的多个局域网互连的需求，以实现大量用户之间的数据、语音、图形与视频等多种信息的传输功能。城域网的传输速度比局域网慢，由于将不同的局域网连接起来需要专门的网络互联设备，所以连接费用较高。

4. 广域网（Wide Area Network，WAN）

广域网是将地域分布广泛的局域网、城域网连接起来的网络系统，也称为远程网。其分布距离广阔，可以横跨几个国家以至全世界。其特点是速度低，错误率高，建设费用很高。Internet 是广域网的一种。

计算机网络也可以按照网络的拓扑结构来划分，可以分为环型网、星型网、总线型网和树型网等；按照通信传输的介质来划分，可以分为双绞线网、同轴电缆、光纤网和卫星网等；按照数据传输和转接系统的拥有者分类，可以分为公共网和专用网两种。

三 计算机网络的拓扑结构

网络拓扑结构是从网络拓扑的观点来讨论和设计网络的特性，也就是讨论网络中的通信节点和通信线路或信道的连接所构成的各种网络几何构形。其用来反映网络各组成部分之间的结构关系，从而反映整个网络的整体结构外貌。常见的网络拓扑结构有星型结构（图6-2）、总线型结构（图6-3）、环型结构（图6-4）、树型结构（图6-5）和混合型结构。

 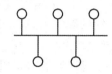

图 6-2　星型结构　　图 6-3　总线型结构　　图 6-4　环型结构　　图 6-5　树型结构

1．星型结构

星型拓扑是将各站点通过链路单独与中心结点连接形成的网络结构，各站点之间的通信都要通过中心结点交换，如图 6-2 所示。中心结点执行集中式通信控制策略，目前流行的 PBX（专用交换机）就是星型拓扑结构的典型实例。

星型拓扑结构的网络属于集中控制型网络，整个网络由中心节点执行集中式通行控制管理，各节点间的通信都要通过中心节点。每一个要发送数据的节点都将要发送的数据发送到中心节点，再由中心节点负责将数据送到目的节点。因此，中心节点相当复杂，而各个节点的通信处理负担都很小，只需要满足链路的简单通信要求。

星型拓扑结构的优点是联网容易，并且容易检测和隔离故障；缺点是整个网络依赖中心结点，如果中心结点发生故障，则整个网络将瘫痪。因此，星型拓扑结构对中心结点的可靠性要求很高。实施时所需要的电缆长度较长。

2．总线型结构

总线型拓扑结构是指采用单根数据传输线作为通信介质，所有的站点都通过相应的硬件接口直接连接到通信介质，而且能被所有其他的站点接收，如图 6-3 所示。总线型网络拓扑结构中的用户节点为服务器或工作站，通信介质为同轴电缆。由于所有的节点共享一条公用的传输链路，所以一次只能由一个设备传输。一般情况下，总线型网络采用载波监听多路访问/冲突检测协议（CSMA/CD）作为控制策略。总线拓扑结构工作时只有一个站点可通过总线进行发送信息传输，其他所有站点这时都不能发送，且都将接收到该信号。然后判断发送地址是否与接收地址一致，若不匹配，发送到该站点的数据将被丢弃。

总线拓扑的优点是结构简单，便于扩充结点，任一结点上的故障不会引起整个网络的使用；其缺点是总线故障诊断和隔离困难，网络对总线故障较为敏感。

3．环型结构

环型拓扑是将各相邻站点互相连接，最终形成闭合环，如图6-4所示。在环型拓扑结构的网络上，数据传输方向固定，在站点之间单向传输，不存在路径选择问题。当信号被传递给相邻站点时，相邻站点对该信号进行了重新传输，依此类推。这种方法提供了能够穿越大型网络的可靠信号。

令牌传递经常被用于环形拓扑。在这样的系统中，令牌沿着网络传递，得到令牌控制权的站点可以传输数据。数据沿着环传输到目的站点，目的站点向发送站点发回已接收到的确认信息。然后，令牌被传递给另一个站点，赋予该站点传输数据的权力。

环型网的优点是网络结构简单，组网比较容易，可以构成实时性较高的网络；其缺点是某个结点或线路故障就会造成全网故障，实施时所需要的电缆长度短。

4．树型结构

树型结构是分级的集中控制的网络，如图6-5所示。树型拓扑实际上是星型拓扑的发展和补充，为分层结构，具有根节点和各分支节点，适用于分支管理和控制的系统。与星型结构相比，它的通信线路总长度比较短，成本较低，节点易于扩充，寻找路径比较方便。但除了叶节点及其相连的线路外，任一节点或其相连的线路故障都会使系统受到影响。树型拓扑具有较强的可折叠性，非常适用于构建网络主干，还能够有效地保护布线投资。这种拓扑结构的网络一般采用光纤作为网络主干，用于军事单位、政府单位等上下界限相当严格和层次分明的网络结构。

5．混合型结构

混合型拓扑是星型结构和总线型结构网络结合在一起的网络结构，这样的拓扑结构更能满足较大网络的拓展，既解决了星型网络在传输距离上的局限，又解决了总线型网络在连接用户数量上的限制。这种网络拓扑结构同时兼顾了星型网络与总线型网络的优点，又弥补了两者的不足。

四 计算机网络的体系结构

计算机网络是一个非常复杂的系统，要做到有条不紊地交换数据，每个节点必须要遵守一些事先约定好的规则才能高效、协调地工作。这些为进行网络中的数据交换而建立的规则、标准或约定就称为网络协议。

1．网络协议

网络协议是计算机通过网络通信所使用的语言，是为网络通信中的数据交换制定的共同遵守的规则、标准和协定。具体而言，网络协议可以理解为由以下三部分组成：

（1）语法。语法是指通信时双方交换数据和控制信息的格式，如哪一部分表示数据，哪一部分表示接收方的地址等。语法是解决通信双方之间"如何讲"的问题。

（2）语义。语义是指每部分控制信息和数据所代表的含义，是对控制信息和数据的具体解释。语义是解决通信双方之间"讲什么"的问题。

（3）时序。时序是指详细说明事件是如何实现的。例如，通信如何发起；在收到一个数据后，下一步要做什么。时序是确定通信双方之间"讲"的步骤。

网络协议是计算机网络最重要的部分，只有配置相同网络协议的计算机才可以进行通信，而且网络协议的优劣直接影响计算机网络的性能。

2．网络体系结构

网络通信是一个非常复杂的问题，这就决定了网络协议也是非常复杂的。为了减少设计上的错误，提高协议实现的有效性和高效性，对于非常复杂的网络协议，提出了分层结构处理的方法。也就是说，将网络通信这个复杂的大问题分解成很多的小问题，然后通过解决一个个小问题，最终实现网络中两台计算机之间能够顺利完成通信。

网络体系结构就是对构成计算机网络的各组成部分层次之间的关系和所要实现各层次功能的一组精确定义。所谓"体系结构"是指对整体系统功能进行分解，然后定义出各个组成部分的功能，从而达到最终目标。因此，体系结构与层次结构是不可分离的概念，层次结构是描述体系结构的基本方法，而体系结构也总是具有分层特征。

3．OSI（开放式系统互联参考模型）

开放式系统互联参考模型（Open System Interconnection，OSI），是一种概念模型，由国际标准化组织于1978年制定，是一个试图使各种计算机在世界范围内互连为网络的标准框架。

OSI将计算机网络体系结构（architecture）划分为七个层次，这七个层次由低到高依次为：物理层、数据链路层、网络层、运输层、会话层、表示层和应用层。

（1）物理层：将数据转换为可通过物理介质传送的电子信号。

（2）数据链路层：决定访问网络介质的方式。在此层将数据分帧，并处理流控制。本层指定拓扑结构并提供硬件寻址。

（3）网络层：使用权数据路由经过大型网络。

（4）传输层：提供终端到终端的可靠连接。

（5）会话层：允许用户使用简单易记的名称建立连接。

（6）表示层：协商数据交换格式。

（7）应用层：用户的应用程序和网络之间的接口。

采用层次思想的计算机网络体系结构的标准化，为网络的构成提出了最终的标准，也是各种网络软件的设计基础。

4. TCP/IP 协议

TCP/IP 是 Internet 的基本协议，于 20 世纪 70 年代开始被研究和开发，经过不断地应用和发展，现已成为网络互连的工业标准，目前被广泛应用于各种网络中。

TCP/IP 提供点对点的链接机制，将数据应该如何封装、定址、传输、路由以及在目的地如何接收，都加以标准化。它将软件通信过程抽象化为四个抽象层，即网络接口层、互联网层、传输层、应用层，采取协议堆栈的方式，分别实现出不同通信协议。协议族下的各种协议，依其功能不同，被分别归属到这四个层次结构之中，常被视为是简化的七层 OSI 模型。

（1）网络接口层（Network Access Layer）位于 TCP/IP 协议的最底层，负责从网络上接收发送物理帧以及硬件设备的驱动。

（2）互联网层（Internet Layer）是整个体系结构的关键部分，其功能是使主机可以把分组发往任何网络，并使分组独立地传向目标。这些分组可能经由不同的网络，到达的顺序和发送的顺序也可能不同。高层如果需要顺序收发，那么就必须自行处理对分组的排序。互联网层使用因特网协议（IP，Internet Protocol）。TCP/IP 参考模型的互联网层和 OSI 参考模型的网络层在功能上非常相似。

（3）传输层（Transport Layer）使源端和目的端机器上的对等实体可以进行会话。在这一层定义了两个端到端的协议：传输控制协议（TCP，Transmission Control Protocol）和用户数据报协议（UDP，User Datagram Protocol）。TCP 是面向连接的协议，它提供可靠的报文传输和对上层应用的连接服务。为此，除基本的数据传输外，它还有可靠性保证、流量控制、多路复用、优先权和安全性控制等功能。UDP 是面向无连接的不可靠传输的协议，主要用于不需要 TCP 的排序和流量控制等功能的应用程序。

（4）应用层（Application Layer）包含所有的高层协议，包括：虚拟终端协议（TELNET，Telecom munication Network）、文件传输协议（FTP，File Transfer Protocol）、电子邮件传输协议（SMTP，Simple Mail Transfer Protocol）、域名服务（DNS，Domain Name Service）、网上新闻传输协议（NNTP，Net News Transfer Protocol）和超文本传送协议（HTTP，Hyper Text Transfer Protocol）等。TELNET 允许一台机器上的用户登录到远程机器上，并进行工作；FTP 提供有效地将文件从一台机器上移到另一台机器上的方法；SMTP 用于电子邮件的收发；DNS 用于把主机名映射到网络地址；NNTP 用于新闻的发布、检索和获取；HTTP 用于在 WWW 上获取主页；

第二节 计算机网络的组成

一 计算机网络的组成分类

从不同角度，可以将计算机网络的组成分为以下几类：

（1）从组成成分上，一个完整的计算机网络由计算机硬件系统、网络软件系统、网络协议组成。计算机硬件系统主要由服务器、客户机、通信设备、传输介质等组成。网络软件系统主要包括各种实现资源共享的软件、方便用户使用的各种工具软件，如网络操作系统、邮件收发程序、FTP 程序、聊天程序等。

（2）从功能组成上看，计算机网络由资源子网和通信子网组成。

1）资源子网。资源子网（Resource Subnet）主要由提供资源的主机和请求资源的终端组成。它们都是信息传输的源结点或宿节点，有时也统称为端结点，负责全网的信息处理。

它由拥有资源的主计算机（主机）系统、请求资源的用户终端、终端控制器、通信子网的接口、软件资源和数据资源组成。

①主机。在计算机网络中，主机（Host）可以是大型机、中型机或小型机，也可以是终端工作站或者微型机。主机是资源子网的主要元素，它通过高速线路与通信子网的通信控制处理机相连接。普通的用户终端机通过主机连接入网，主机还为终端用户的网络资源共享提供服务。

②终端。终端（Terminal）是用户访问网络的界面装置。终端一般是指没有存储与处理信息能力的简单输入、输出终端，但是有时也带有微处理机的智能型终端。

2）通信子网。通信子网（Communication Subnet）主要由网络结点和通信链路组成，负责全网的信息传递。其中，网络结点也称为转接结点或中间结点，它们的作用是控制信息的传输和在端结点之间转发信息。从硬件角度看，通信子网由通信控制处理机、通信线路和其他通信设备组成。

①通信控制处理机。通信控制处理机（Communication Control

Processor，CCP）是一种在数据通信系统中专门负责网络中数据通信、传输和控制的专用计算机或具有同等功能的计算机部件。其一般由配置了通信控制功能的软件和硬件的小型机、微型机承担。

②通信线路。通信线路为 CCP 与 CCP、CCP 与主机之间提供数据通信的通道。通信线路和网络上的各种通信设备一起组成了通信信道。计算机网络中采用的通信线路的种类很多。例如，可以使用双绞线、同轴电缆、光纤等有线通信线路组成通信通道；也可以使用无线通信、微波通信和卫星通信等无线通信线路组成通信信道。

二 计算机网络的硬件系统

1．服务器

服务器是指能向网络用户提供特定的服务软件的配件。一般可按其提供服务的内容分为文件服务器、打印服务器、通信服务器和数据库服务器等。

服务器可由高档微机、工作站或专用的计算机充当。服务器的职能主要是提供各种服务，并实施网络的各种管理。

2．工作站

工作站是指连接到计算机网络中具有独立处理能力并且能够接受网络服务器控制和管理，共享网络资源的计算机。其主要包括无盘工作站、微机、输入输出设备等。

3．通信设备

通信设备是指用于建立网络连接的各种设备，如中继器、集线器、交换机、路由器、网桥、网关、调制解调器、网卡、防火墙等。

（1）中继器。中继器（Repeater）是工作在物理层上的连接设备。适用于完全相同的两类网络的互连，主要功能是通过对数据信号的重新发送或者转发，来扩大网络传输的距离。

（2）集线器。集线器是一个多端口的中继器，工作在 OSI 模型中的物理层，用于局域网内部多个工作站与服务器之间的连接，可以提供多个微机连接端口。

随着技术的发展，在局域网中一些大、中型局域网中，集线器已逐渐退出应用，而被交换机代替。集线器主要应用于一些中、小型网络或大、中型网络的边缘部分。

集线器的分类如下：

1）按传输速率可分为 10Mbps、100Mbps、10/100Mbps 自适应集线器。

2）按集线器的结构可分为独立式集线器、堆叠式集线器、箱体式集线器。

3）按供电方式可分为有源和无源集线器。

4）按有无管理功能可分为无网管功能和智能型集线器。

5）按端口数量可分为 8 口、16 口、24 口、32 口集线器。

（3）交换机。交换机（switching）是按照通信两端传输信息的需要，用人工或设备自动完成的方法，把要传输的信息送到符合要求的相应路由上的技术的统称。交换机根据工作位置的不同，可以分为广域网交换机和局域网交换机。广域的交换机就是一种在通信系统中完成信息交换功能的设备，它应用在数据链路层。局域网交换机是指用在交换式局域网内进行数据交换的设备。交换机有多个端口，每个端口都具有桥接功能，可以连接一个局域网或一台高性能服务器或工作站。

（4）路由器。路由器（Router）是在网络层上实现多个网络互连的设备，用来互连两个或多个独立的相同类型或不同类型的网络：局域网与广域网的互连，局域网与局域网的互连。

1）路由器的工作原理。如图 6-6 所示，局域网 1、局域网 2 和局域网 3 通过路由器连接起来，3 个局域网中的工作站可以方便地互相访问对方的资源。

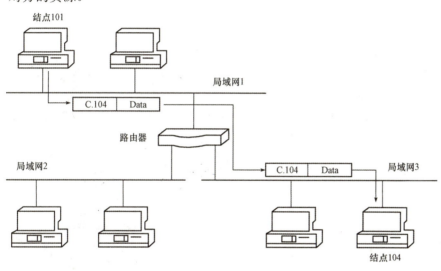

图 6-6　路由器的工作原理

2）路由器的功能。

①网络互连。路由器工作在网络层，是该层的数据包转发设备，多协议路由器不仅可以实现不同类型局域网的互连，而且可以实现局域网和广域网的互连及广域网之间的互连。

②网络隔离。路由器不仅可以根据局域网的地址和协议类型，而且可以根据网络号、主机的网络地址、子网掩码、数据类型（如高层协议是 FTP、Telnet 等）来监控、拦截和过滤信息，具有很强的网络隔离能力。这种网络隔离功能不仅可以避免广播风暴，还可以提高整个网络的安全性。

③流量控制。路由器有很强的流量控制能力，可以采用优化的路由算法来均衡网络负载，从而有效地控制拥塞，避免因拥塞而使网络性能下降。

3）路由表。路由表是指由路由协议建立、维护的用于容纳路由信息并存储在路由器的中的表。路由表中一般保存着以下重要信息：

①协议类型；

②可达网络的跳数；

③路由选择度量标准；

④出站接口。

4）路由器的一般结构。

①硬件结构：通常由主板、CPU（中央处理器）、随机访问存储器（RAM/DRAM）、非易失性随机存取存储器（NVRAM）、闪速存储器（Flash）、只读存储器（ROM）、基本输入/输出系统（BIOS）、物理输入/输出（I/O）端口以及电源、底板和金属机壳等组成。

②软件：路由器操作系统，该软件的主要作用是控制不同硬件并使它们正常工作。

③常用连接端口：路由器常用端口可分为局域网端口、多种广域网端口和管理端口三类。

（5）网桥。网桥也称桥接器，是数据链路层的连接设备，准确地说，它工作在MAC子层上，用它可以连接两个采用不同数据链路层协议、不同传输介质与不同传输速率的网络。网桥在两个局域网的数据链路层（DDL）间按帧传送信息，一般情况下，被连接的网络系统都具有相同的逻辑链路控制规程（LLC），但媒体访问控制协议（MAC）可以不同。

1）网桥的工作原理如图6-7所示。

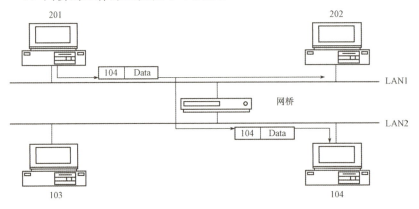

图6-7　网桥的工作原理

2）网桥的功能。网桥的功能是在互连局域网之间存储转发帧，实现数据链路层上的协议转换。

①对收到的帧进行格式转换，以适应不同的局域网类型。

②匹配不同的网速。

③对帧具有检测和过滤作用。通过对帧进行检测，对错误的帧予以丢弃，起到了对出错帧的过滤作用。

④具有寻址和路由选择的功能。它能对进入网桥数据的源/目的

MAC 地址进行检测，若目的地址是同一网段的工作站，则丢弃该数据帧，不予转发；若目的地址是不同网段的工作站，则将该数据帧发送到目的网段的工作站。这种功能称为筛选/过滤功能，它隔离掉不需要在网间传输的信息，大大减少了网络负载，改善了网络性能。但网桥不能对广播信息进行识别和过滤，容易形成网络广播风暴。

⑤提高网络带宽，扩大网络地址范围。

3）网桥的分类。网桥依据使用范围的大小，可分成本地网桥（Local Bridge）和远程网桥（Remote Bridge）两类，如图 6-8 所示。本地网桥又有内桥和外桥之分。

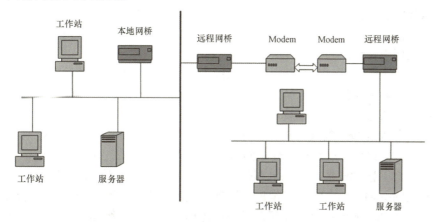

图 6-8　网桥的分类

（6）网关。网关（Gateway）工作在 OSI 七层协议的传输层或更高层，实际上网关使用了 OSI 所有的七个层次。它用于解决不同体系结构的网络连接问题，网关又称协议转换器。

网关提供以下功能：

1）地址格式的转换：网关可做不同网络之间不同地址格式的转换，以便寻址和选择路由之用。

2）寻址和选择路由。

3）格式的转换。

4）数字字符格式的转换：网关对于不同的字符系统，也必须提供字符格式的转换，如 ASCII«EBCDIC（Extended BCD Interchange Code）。

5）网络传输流量控制。

6）高层协议转换．这是网关最主要的功能，即提供不同网络间的协议转换，例如，IBM 的 SNA 与 TCP/IP 互连时就需要网关进行协议转换。

（7）调制解调器。调制解调器能将计算机的数字信号翻译成可沿普通电话线传送的模拟信号，而这些模拟信号又可被线路另一端的另一个调制解调器接收，并译成计算机可懂的语言。通过这一简单过程即可完成两台计算机间的通信。

（8）网卡。网卡（NIC）也称为网络适配器，在局域网中用于将用户计算机与网络相连接。其一般可分为有线网卡和无线网卡两种。

（9）防火墙。防火墙是一种通过设置网络访问规则来保障网络安全的设备。防火墙一般配置为拒绝未经确认的访问请求，而允许已确认的访问请求。随着互联网的攻击越来越多，防火墙设备在保障网络安全方面也扮演着越来越重要的角色。

4．传输介质

传输介质主要有光纤、双绞线、同轴电缆、无线传输等。

（1）光纤。光纤是一种利用光在玻璃或塑料制成的纤维中的全反射原理而制成的光传导工具。微细的光纤封装在塑料护套中能够弯曲而不至于断裂。通常，光纤一端的发射装置使用发光二极管（LED）或一束激光将脉冲传送至光纤，光纤另一端的接收装置使用光敏感元件检测脉冲。由于光在光纤的传导损耗比电在电线中传导的损耗低得多，光纤通常被用于长距离的信息传送。

（2）双绞线。双绞线是综合布线工程中最常用的一种传输介质。它是由一对相互绝缘的金属导线绞合而成。采用这种方式，不仅可以抵御一部分来自外界的电磁波干扰，而且可以降低自身信号对外的干扰。双绞线分为屏蔽双绞线（STP）和非屏蔽双绞线（UTP）两种，屏蔽双绞线在双绞线与外层绝缘封套之间有一个金属屏蔽层。

（3）同轴电缆。同轴电缆是指有两个同心导体，而导体和屏蔽层又共用同一轴心的电缆。最常见的同轴电缆由绝缘材料隔离的铜线导体组成，在里层绝缘材料的外部是另一层环形导体及其绝缘体，整个电缆由聚氯乙烯或特氟纶材料的护套包住。

（4）无线传输。在信号的传输中，若使用的介质不是人为架设的介质，而是自然界所存在的介质，那么这种介质就是广义的无线介质。在这些无线介质中完成通信称为无线通信。目前，人类广泛使用的无线介质是大气，在其中传输的是电磁波。根据所利用的电磁波的频率又可将无线通信分为无线电通信、微波通信、红外通信和激光通信。

通过无线介质进行数据传输无须物理连接，适用于长距离或不便布线的场合。但对于这些利用电磁波或者光波传输信息的方式而言，最大的缺点在于传输时易受干扰。

三 网络软件系统

网络软件通常指以下 5 种类型的软件：

（1）操作系统：实现系统调度、资源共享、用户管理和访问控制的软件。如 Windows、UNIX、Linux、Novell 等。

（2）应用软件：为网络用户提供信息服务并为网络用户解决实际应用问题的软件如 DB（Data Base）、VOD（Video On Demand）等。

（3）通信软件：保障网络相互正确通信的软件。

（4）协议和协议软件：通过协议程序实现网络协议功能的软件。

（5）管理软件：对网络资源进行管理和对网络进行维护的软件。

第三节 Internet 基础

一 Internet 概述

Internet，中文正式译名为因特网，又叫作国际互联网。Internet 产生于 1969 年。20 世纪 80 年代后期，美国国家科学基金会（NSF）建立了全美五大超级计算机中心，NSF 决定建立基于 IP 协议的计算机网络，并建立了连接超级计算中心的地区网，超级中心再彼此互连起来。连接各地区网上主要节点的高速通信专线便构成了 NSFNet（国家科学基础网）的主干网。NSFNet 的成功使得它成为美国乃至世界 Internet 的基础。随着越来越多的国家加入 Internet 来共享它的资源，Internet 已成为全球性的互联计算机网络。

我国 Internet 的建设始于 1994 年，通过国内四大骨干网连入 Internet。1998 年，由教育科研网 CERNET 牵头，开始建设中国第一个 IPv6 实验床，两年后开始地址的分配。2000 年中国高速互联研究实验网络 NSFCNET 开始建设，分别于 CERNET、CSTNET 以及 Internet 2 和亚太地区高速网 APAN 互连。2002 年，中日 IPv6 合作项目开始起步。2004 年，由中国科学院、美国国家科学基金会、俄罗斯部委与科学团体联盟共同出资建设的环球科教网络 GLORIAN 正式开通，其目的是支持中、美、俄三国乃至全球先进的科教应用并支持下一代互联网的研究。截至 2018 年 6 月，中国网民规模为 8.02 亿，互联网普及率达 57.7%，其中手机网民规模达 7.88 亿，在上网人群的占比达 98.3%。

二 接入 Internet 常用方法

用户计算机与 Internet 的连接方式，通常可以分为 DDN 专线连接、ADSL 接入电话拨号连接、通过局域网连接等。

1. DDN 专线接入

DDN 专线（Digital Data Network Leased Line）是数字数据专线的简称，是利用数字信道传输数据信号的数据传输网，它是随着数据通信业务的发展而迅速发展起来的一种新型网络。它的传输媒介有光纤、数字微波、卫星信道以及用户端可用的普通电缆和双绞线。

DDN 专线是指向电信部门租用的 DDN 线路，DDN 不仅可以为用户提供专用的数字传输通道，还能为用户建立自己的专用数据网提供条件。DDN 专线上网，除上网的基本设备外，还需要购买 1 台基带 Modem 和一台路由器，如图 6-9 所示。

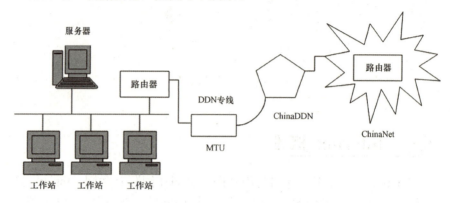

图 6-9　通过 DDN 专线连入 Internet

2．ADSL 接入

ADSL（Asymmetrical Digital Subscriber Line）称为非对称数字用户线，是一种能够通过普通电话线来提供宽带数据业务的技术，ADSL 能够支持广泛的宽带应用服务。例如，高速 Internet 访问、电视会议、虚拟专用网络以及音频多媒体应用，也是目前极具发展前景的一种接入技术。

ADSL 的安装通常都由电信公司的相关部门派人上门服务，进行的操作如下：

（1）局端线路调整：将用户原有电话线接入 ADSL 局端设备。

（2）用户端。

1）硬件连接：先将电话线接入分离器（也叫作过滤器）的 Line 口，再用电话线分别将 ADSL Modem 和电话与分离器的相应接口相连，然后用交叉网线将 ADSL Modem 连接到计算机的网卡接口，如图 6-10 所示。

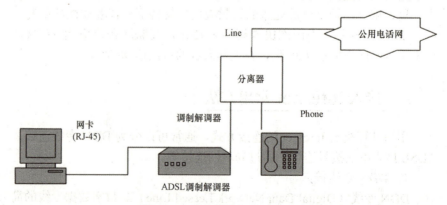

图 6-10　用户端接入 ADSL 示意

2）软件安装：先安装适当的拨号软件（常用的拨号软件有 Enternet300/500、WinPoet、Raspppoe 等），然后创建拨号连接（输入 ADSL 账号和密码）。

连接上网：双击建立的 ADSL 连接图标，单击 connect 进行连接。

3. 电话拨号连接

通过电话拨号接入 Internet 是指用户计算机使用 Modem（调制解调器），通过电话网与 ISP 相连接，再通过 ISP 的连接通道接入 Internet。因为电话网是为传输模拟信号而设计的，计算机中的数字新号无法直接在普通电话线上传输，因此需要使用 Modem（俗称"猫"），其作用是在计算机与 Internet 之间拨入电话号码并处理数据的传输。Modem 将计算机中的数字代码转换成可以在电话上传输的高调制音频信号（称为"调制"），位于另一端的 ISP（Internet 服务商）计算机的调制解调器再将该音频信号转换为数字代码（称为"解调"）。

使用"电话线＋Modem"接入 Internet，这种方式不仅适用于单台计算机，也适用于规模较小的局域网。

4. 通过局域网连接

随着 Internet 的流行，几乎所有的局域网都通过各种形式与 Internet 连接。大、中型局域网大多数通过交换机、路由器或专线，而一些小型局域网，则通过拨号、ISDN、ADSL、数据通信网与 ISP 的连接通道接入 Internet。

如果需要随时接入 Internet，并且有较高的上网速度，就需要拉一根专线到局域网。还可以通过无线接入方式连接局域网。只要在无线网的信号覆盖区域内任何一个位置都可以接入网络，而且安装便捷，使用灵活，上网位置可以随便变化。

三 Internet 地址

Internet 地址是分配给入网计算机的一种标志。Internet 为每个入网用户分配一个识别标志，这种标志可表示为 IP 地址和域名地址。

1. IP 地址

IP 地址是一个 32 位的二进制数。为了便于阅读，把 IP 地址分成 4 组，每 8 位为一组，组与组之间用圆点进行分隔。每组用一个 0～255 范围内的十进制数表示，如 192.168.0.12，这种格式称为点分十进制。

IP 地址由网络号（netid）和主机号（hostid）两部分组成。网络号标识一个网络，主机号标识在这个网络中的一台主机。网络号长度将决定整个 Internet 中能包含多少个网络，主机号长度则决定每个网络能容纳多少台主机。

为了适合不同大小规模的网络需求，IP 地址被分为 A、B、C、D、E 五大类，如图 6-11 所示。

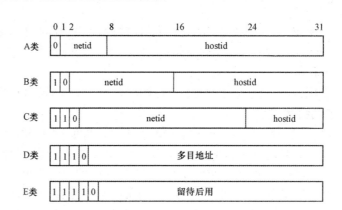

图 6-11 IP 地址

A 类：适合于超大型的网络。A 类地址最高位为 0，网络号为 7 位，主机号为 24 位。

B 类：适合于大、中型网络。B 类地址最高两位为 10，网络号为 14 位，主机号为 16 位。

C 类：适合于小型网络。C 类地址最高位为 110，网络号为 21 位，主机号为 8 位。我国教育科研网中，主机所用的 IP 地址大多数以 202 作为第一个十进制数，这些 IP 地址都属于 C 类地址。

D 类：D 类地址最高 4 位为 1110，其中多目地址是比广播地址稍弱的多点传送地址，用于支持多目传输技术。

E 类：E 类地址最高 5 位为 11110，用于将来的扩展之用。

2．域名地址

由于 IP 地址使用数字来表示，不直观、不便于记忆，也不能看出拥有该地址的组织的名称或性质。因此，提出了域名的概念，在访问一台计算机时，不再需要记住该计算机的 IP 地址，而只需通过它的域名就可以访问了。例如，使用 www.chinaedu.edu.cn 表示的中国教育信息网的具体 IP 地址是 202.205.184.149。

在 Internet 中，存在一个非常庞大的系统，将数量繁多的计算机按命名规则产生的名字与其 IP 地址对应起来并进行有效的管理，这个系统成为域名系统（Domain Name System，DNS）。

域名系统采用层次结构，按地理域或机构域进行分层。用点号将各级子域名分隔开来，域的层次次序从右到左（即由高到低或由大到小），分别称为顶级域名、二级域名、三级域名。

顶级域名分类为机构性域名和地理性域名两类。机构性域名包括：com（营利性的商业实体）、edu（教育机构或设施）、gov（非军事性政府或组织）、int（国际性机构）、mil（军事机构或设施）、net（网络资源或组织）、org（非营利性组织结构）、firm（商业或公司）、store（商场）、Web（和 WWW 有关的实体）、arts（文化娱乐）、arc（消遣性娱乐）、infu（信息服务）和 nom（个人）等。地理性域名指明了该域名的国家或地区，用国家或地区的字母代码表示，如中国（cn）、英国（uk）、日本（jp）等。

Internet 上几乎在每一子域都设有域名服务器，服务器中包含有该子域的全体域名和 IP 地址信息。Internet 中每台主机上都有地址转换请求程序，负责域名与 IP 地址的转换。域名和 IP 地址之间的转换工作称为域名解析，整个过程是自动进行的。有了 DNS，凡域名空间中有定义的域名都可以有效地转换成 IP 地址；反之，IP 地址也可以转换成域名。因此，用户可以等价地使用域名或 IP 地址。

四 代理服务器上网

1. 代理服务器的概念

代理服务器（Proxy Server）是一种重要的服务器安全功能，它的工作主要在开放系统互联（OSI）模型的会话层，从而起到防火墙的作用。代理服务器大多被用来连接 Internet（国际互联网）和 Local Area Network（局域网）。

代理服务器处在客户机和服务器之间，对于远程服务器来说代理服务器是客户机，它向服务器提出各种服务申请；对于客户机来说，代理服务器则是服务器，它接受客户机提出的申请并提供相应的服务。客户机访问 Internet 时所发出的请求不再直接发送到远程服务器上，而是被送到了代理服务器上，代理服务器再向远程的服务器提出相应的申请，接受远程服务器提供的数据并保存在自己的硬盘上，然后用这些数据对客户机提供相应的服务。

2. 代理服务器软件

代理服务器软件的种类很多，有的适合于一些小型应用，如简单的 Windows 下的代理服务器软件 SyGate，但局域网的设置相当简单。较复杂的代理服务器软件有 WinGate，它支持完整的代理服务器功能；WinRoute，更加强大的代理服务器软件，集路由器、DHCP（自动地址分配功能）服务器、DNS 服务、NAT（网络地址翻译）、防火墙于一身的代理服务器软件。目前，国内很流行的代理服务器软件有 CCProxy，主要用于局域网内共享宽带上网、ADSL 共享上网、专线代理共享、ISDN 代理共享、卫星代理共享、蓝牙代理共享和二级代理等共享代理上网。下面以 CCProxy 软件为例，介绍代理服务器软件的用法。

（1）首先确认局域网连接通畅。服务器的 IP 设置应注意检查服务器的网络属性，确保里面没有多余无用的协议。局域网建议按照下面的方法配置：局域网机器的 IP 一般是 192.168.0.1、192.168.0.2、192.168.0.3…192.168.0.254。其中，服务器是 192.168.0.1，其他 IP 地址为客户端的 IP 地址。子网掩码为 255.255.255.0，DNS 为 192.168.0.1。

客户端的网络设置方法是，打开客户端的本地连接属性，将 IP 设置为 192.168.0.2，子网掩码为 255.255.255.0，DNS 为 192.168.0.1。其他客户端的网络设置只是 IP 地址不同而已。

（2）安装好 CCProxy 代理服务器软件，打开软件，界面如图 6-12 所示。

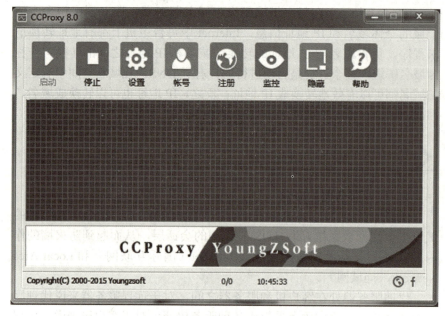

图 6-12　CCProxy 软件界面

（3）设置代理服务，可在 CCProxy 代理服务器软件的"设置"中选择服务种类，设置好各协议的端口，一般取默认值，如图 6-13 所示。

图 6-13　"设置"对话框

代理服务器中另一个重要的管理是分配客户端的 IP 地址，并设置对被服务的客户端用户的服务限制。在"账号"中可对被服务的客户端用户进行服务限制，如图 6-14 所示。

图 6-14 "账号管理"对话框

（4）客户端 IE 代理设置方法。要使客户端的 IE 能通过代理服务器上网，还应在 IE 中设置代理服务器地址。打开客户端 IE 浏览器，选择"工具"→"Internet 选项"命令，打开"Internet 选项"对话框后，单击"连接"标签，在"连接"选项卡中单击"局域网设置"按钮，打开"局域网（LAN）设置"对话框。在"局域网（LAN）设置"对话框中勾选"为 LAN 使用代理服务器（这些设置不会应用于拨号或 VPN 连接）"，在"地址"文本框中输入代理服务器的 IP 地址，如 192.168.0.1，在"端口"文本框中输入代理服务器设置的端口号，如 80，单击"确定"按钮即完成设置，如图 6-15 所示。

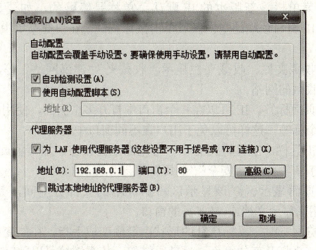

图 6-15 "局域网（LAN）设置"对话框

第四节 Internet 应用

一 Internet Explorer 浏览器

浏览器是网络用户用来浏览网上站点信息的工具软件，借助浏览器，用户可以搜索信息、下载/上传文件、收发电子邮件和访问新闻组等。下面以 Windows 7 操作系统默认的 Internet Explorer（以下简称 IE）为例，介绍浏览器的常用功能及操作方法。

1. IE 工作界面

启动 IE 后，其窗口界面如图 6-16 所示。

（1）标题栏。在窗口的最上方，包含了当前所在的网页的名称，以及"最小化""最大化""关闭"按钮。

（2）地址栏。IE 的地址栏将地址栏与搜索栏合二为一，不仅可以直接输入要访问的网站地址，也可以直接在地址栏输入关键词实现搜索。

（3）菜单栏。新版本的 IE 默认菜单栏是隐藏的，如要显示菜单栏，可在 IE 窗口顶端的空白区域单击鼠标右键，在快捷菜单中勾选"菜单栏"。

（4）收藏夹栏。收藏夹栏显示"收藏夹""建议网站"等，可方便浏览自己收藏的网站。

（5）页面标签。IE 可以在一个窗口中打开多个页面，使用的就是一个页面一个标签，这样可以免于用户在不同窗口中切换。

（6）工具栏。工具栏列有一些常用的工具按钮，如"主页""阅读邮件""打印""页面""安全""工具"等。

（7）页面显示区。该显示区占据屏幕的大部分空间，是 Internet Explorer 用来显示文档或 Web 页的窗口。

在浏览网页时，鼠标指针的形状由箭偷变成手指，在能变成手指的地方单击，会打开新的页面，这就是链接。依靠链接可以随时在感兴趣的内容上单击，轻松而直观地获得所需要的信息。

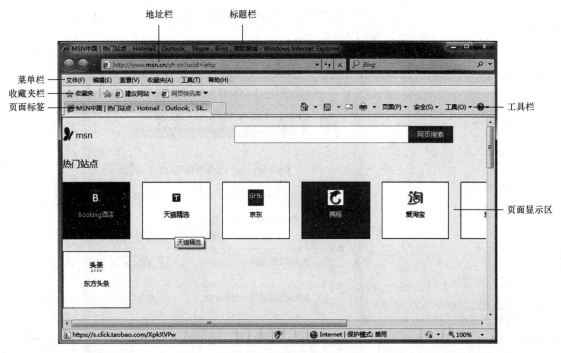

图 6-16 IE 界面

2．收藏夹的使用

收藏夹在上网时将自己喜欢、常用的网站放到一个文件夹里，想用时可以通过单击来快速打开。

当浏览到自己需要的页面后，单击"收藏夹"按钮，在出现的子菜单中选择"添加到收藏夹"命令，弹出"添加收藏"对话框。在对话框中输入要保存的页面名称，单击"添加"按钮，即将该页面网址保存到了收藏夹中。

再次单击"收藏夹"按钮，将在子菜单中出现收藏的网址名称，单击该名称，即可打开对应的网址。

3．网页资源保存

（1）保存完整网页。打开要保存的网页，在 IE 窗口中，选择"文件"→"另存为"命令，打开"保存网页"对话框。在对话框"保存类型"下拉列表中选择"网页，全部"，输入文件名，单击"保存"按钮即可。

（2）保存为文本文件。步骤同上，只是在"保存网页"对话框的"保存类型"下拉列表中选择"文本文件"。

（3）保存网页上的图片。将光标移动到需要保存的图片上，单击鼠标右键，在快捷菜单中选择"图片另存为"命令，打开"保存图片"对话框，选择保存位置，输入文件名，单击"保存"按钮即可完成对图片的保存操作。

4．更改主页

这里的"主页"是指每次启动 IE 后最先显示的页面，可以将它设置为最频繁查看的网站。更改主页的具体操作如下：

(1)选择"工具"→"Internet 选项"命令,打开"Internet 选项"对话框,如图 6-17 所示。

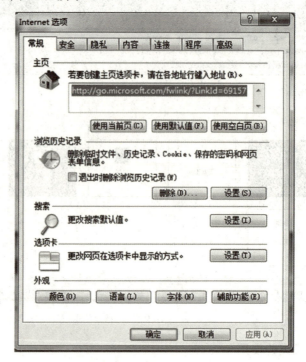

图 6-17 "Internet 选项"对话框

(2)在"主页"区域,单击"使用当前页"按钮,地址框中就会填入当前 IE 浏览的页面网址;另外,还可以在地址框中输入自己想设置为主页的页面网址。如果希望 IE 启动的时候不显示任何一个网站页面,只是显示空白窗口,可以单击"使用新选项卡"按钮。如果单击"使用默认页"按钮,地址框中会变成操作系统为 IE 设置的一个默认页面网址。

(3)如果想设置多个主页,可在地址框中另起一行输入网址。

(4)单击"确定"按钮即完成主页设置。

二、电子邮件

电子邮件(E-mail)又称为电子信箱、电子邮政,是 Internet 提供的一种服务。用户可以通过 E-mail 系统与世界上任何地方的朋友用电子邮件联系,无论对方在哪里,只要可以连入 Internet,那么用户发送的信件只要几分钟就可以被对方接收。

使用 E-mail 应该有一个负责收发电子邮件的程序和 E-mail 地址,每一个用户都有自己的地址,形式为用户名 @ 全称域名,如 wangmou@126.com。

1. 电子邮件的申请

许多网站都提供电子邮箱的服务,既包括用户众多的免费邮箱,也包括服务更完善的收费邮箱，还有与网站浑然一体的企业邮箱。下面以126的免费邮箱为例简要介绍如何在 Internet 上申请免费的电子邮箱。

（1）打开 IE 窗口，在地址栏输入 www.126.com，按 Enter 键，即打开"126 网易免费邮"主页。

（2）选择"邮箱账号登录"，单击下方的"注册"按钮，在新打开的网页上按照提示输入申请信息，如图 6-18 所示。

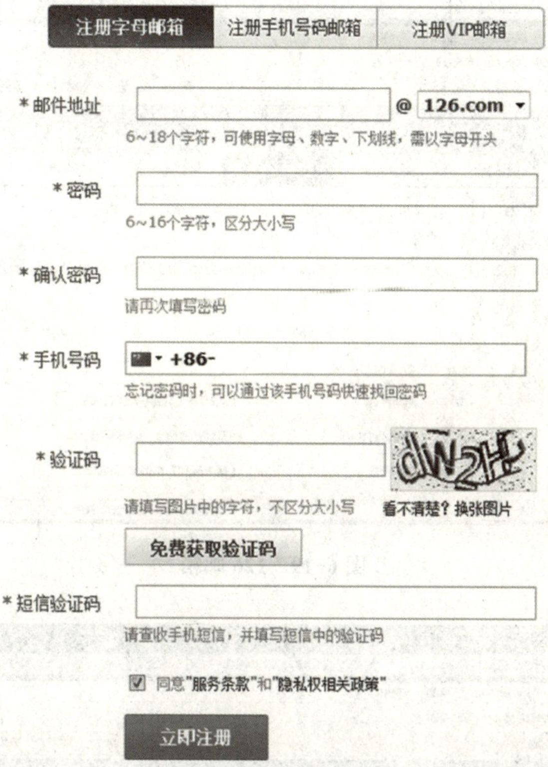

图 6-18 注册邮箱

（3）输入申请信息后，单击"立即注册"按钮，将出现"邮箱注册成功！"的提示，即可登录邮箱进行邮件的收发。

2．使用 IE 收发邮件

仍以 126 免费邮箱为例，利用 IE 登录 126 邮箱后，其网页显示如图 6-19 所示。

"收信"按钮：接收邮件。

"写信"按钮：写一封新邮件。

"收件箱"：列出所有已收到的邮件。

"草稿箱"：在书写邮件的过程中保存的邮件，以备以后发送或修改。

"已发送"：发送后自动保存在服务器上的邮件。

如果想阅读某一封邮件，直接单击"收件箱"中邮件的主题即可打开、查看该邮件。若该邮件带有附件，在邮件中选择"查看附件"命令，选择附件，单击"下载"按钮即可。

如果要写一封新邮件，单击"写信"按钮，界面显示如图6-20所示。在"收件人"处填写对方的邮箱地址，在"主题"处简单描述邮件的内容，在编辑框中输入详细的邮件内容，单击"添加附件"可为邮件添加附件。设置好后，单击"发送"按钮，即可将邮件发送给对方。

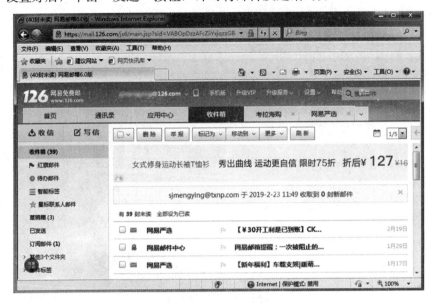

图 6-19　126 邮箱

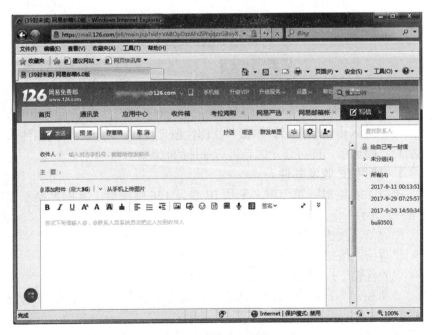

图 6-20　发邮件

三 搜索引擎

搜索引擎（Search Engine）是随着 Web 信息的迅速增加而逐渐发展起来的技术。其是一种浏览和检索数据集的工具。许多著名的网址都有这种工具，如百度（baidu）、必应（bing）等。

"搜索引擎"是 Internet 上的站点，它们有自己的数据库，保存了 Internet 上的数以亿计网页的检索信息，而且还通过网络爬虫不断更新。用户可以访问它们的主页，通过输入和提交一些和要查找信息相关的关键字，让它们在自己的数据库中检索，并返回结果与关键字相关的网页。结果网页是罗列了指向一些相关网页地址的超链接的网页，这些网页可能包含用户要查找的内容。

在检索的关键字中，可以使用以下一些描述符号对检索进行限制：

""（双引号）用来搜寻完全匹配关键字串的网站，如"ENIAC"。

+（加号）用来限定该关键字必须出现在检索结果中。

−（减号）用来限定该关键字不能出现在检索结果中。

在搜索框中输入所要查找内容的关键字描述，如"ENIAC+第一台计算机+试题"，然后单击"搜索"按钮，即可检索有关第一台计算机 ENIAC 的试题。

四 电子商务

电子商务（Electronic Commerce），是以信息网络技术为手段，以商品交换为中心的商务活动（Business Activity）；也可理解为在互联网（Internet）、企业内部网（Intranet）和增值网（VAN，Value Added Network）上以电子交易方式进行交易活动和相关服务的活动，是传统商业活动各环节的电子化、网络化、信息化；以互联网为媒介的商业行为均属于电子商务的范畴。

根据电子商务发生的对象，可以将电子商务大致划分为以下五种类型：

（1）B2B：Business-to-Business，即企业对企业的电子商务。

（2）B2C：Business-to-Consumer，即企业对消费者的电子商务。

（3）C2C：Consumer-to-Consumer，即消费者对消费者的电子商务。

（4）C2A：Consumer-to-Administrations，即消费者对政府的电子商务。

（5）B2A：Business-to-Administrations，即企业对政府的电子商务。

第六章 计算机网络基础知识

本章小结

本章主要介绍了计算机网络的分类、结构、组成、应用等基础知识。

按照资源共享的观点，网络是指将地理位置不同的具有独立功能的多台计算机及其外部设备，通过通信线路连接起来，在网络操作系统，网络管理软件及网络通信协议的管理和协调下，实现资源共享和信息传递的计算机系统。计算机网络按照其规模大小和覆盖范围可以分为个人网、局域网、城域网和广域网等。常见的网络拓扑结构有星型结构、总线型结构、环型结构、树型结构和混合型结构。计算机网络是一个非常复杂的系统，要做到有条不紊地交换数据，每个节点必须要遵守一些事先约定好的规则才能高效、协调地工作。这些为进行网络中的数据交换而建立的规则、标准或约定就称为网络协议。OSI 将计算机网络体系结构划分为七个层次，这七个层次由低到高依次为：物理层、数据链路层、网络层、运输层、会话层、表示层和应用层。TCP/IP 是 Internet 的基本协议，它将软件通信过程抽象化为四个抽象层，即网络接口层、互联网层、传输层、应用层，采取协议堆栈的方式，分别实现出不同通信协议。从组成成分上，一个完整的计算机网络由计算机硬件系统、网络软件系统、网络协议组成。从功能组成上看划分，计算机网络由资源子网和通信子网组成。用户计算机与 Internet 的连接方式，通常可以分为 DDN 专线连接、ADSL 接入、电话拨号连接、通过局域网连接等。Internet 地址是分配给入网计算机的一种标志。Internet 为每个入网用户分配一个识别标志，这种标志可表示为 IP 地址和域名地址。代理服务器是一种重要的服务器安全功能，它的工作主要在开放系统互联（OSI）模型的会话层，从而起到防火墙的作用。浏览器是网络用户用来浏览网上站点信息的工具软件，借助浏览器，用户可以搜索信息、下载/上传文件、收发电子邮件和访问新闻组等。电子邮件又称为电子信箱、电子邮政，是 Internet 提供的一种服务。用户可以通过 E-mail 系统与世界上任何地方的朋友用电子邮件联系。搜索引擎是随着 Web 信息的迅速增加而逐渐发展起来的技术，它是一种浏览和检索数据集的工具。电子商务是以信息网络技术为手段，以商品交换为中心的商务活动。

课后习题

一、单项选择题

1. 网络协议是指（　　）。
   A. 网络操作系统
   B. 网络用户使用网络时应该遵守的规则
   C. 网络计算机之间通信应遵守的规则
   D. 用于编写网络程序或者网页的一种程序设计语言
2. 在 OSI 网络模型中，进行路由选择的层是（　　）。
   A. 会话层　　　B. 网络层　　　C. 数据链路层　　　D. 应用层
3. 在 OSI 网络模型中，向用户提供可靠的端到端服务的功能层是（　　）。
   A. 会话层　　　B. 网络层　　　C. 数据链路层　　　D. 传输层
4. com 结尾的域名表示的机构为（　　）。
   A. 网络管理部门　　B. 商业机构　　C. 教育机构　　D. 国际机构
5. cn 结尾的域名代表的国家为（　　）。
   A. 美国　　　B. 中国　　　C. 韩国　　　D. 英国
6. 调制解调器的功能是实现（　　）。
   A. 数字信号的编码
   B. 数字信号的整形
   C. 模拟信号的放大
   D. 模拟信号与数字信号的转换
7. IP 地址由（　　）位二进制数字组成。
   A. 8　　　B. 16　　　C. 32　　　D. 64
8. Internet 中的一级域名 edu 表示（　　）。
   A. 非军事政府部门
   B. 大学和其他教育机构
   C. 商业和工业组织
   D. 网络运行和服务中心
9. 要设定 IE 的主页，可以通过"Internet 选项"对话框中的（　　）实现。
   A. "常规"选项卡　　B. "内容"选项卡　　C. "地址"选项卡　　D. "连接"选项卡
10. 以下电子邮件地址正确的是（　　）。
    A. hnkj a public .tj.com
    B. publictjcn@hnkj
    C. hnkj@public tj.com
    D. hnkj@public.tj.com
11. 用户想使用电子邮件功能，应当（　　）。
    A. 向附近的一个邮局申请，办理一个自己专用的信箱
    B. 把自己的计算机通过网络与附近的一个电信局连起来
    C. 通过电话得到一个电子邮局的服务支持
    D. 使自己的计算机通过网络得到网上一个电子邮件服务器的服务支持

二、实操题

1. 登录自己喜欢的一个网站，将其设为主页，并将自己感兴趣的网页内容保存保存到本地计算机中。
2. 搜索自己喜欢的明星或者风景照片，并将其保存到本地计算机中。
3. 搜索有关《计算机二级 C 语言考试试题》的 Word 文档，并将它们保存到本地计算机中。
4. 用 IE 打开一个可以申请免费邮箱的网站，将其添加到 IE 收藏夹。
5. 申请一个免费邮箱，并将保存的《计算机二级 C 语言考试试题》的 Word 文档作为附件发送到教师邮箱。

参考文献

[1] 顾沈明. 计算机基础［M］. 4 版. 北京：清华大学出版社，2017.
[2] 贾昌传. 计算机应用基础（Windows 7+Office 2010）［M］. 北京：人民邮电出版社，2011.
[3] 李畅. 计算机应用基础（Windows 7+Office 2010）［M］. 北京：人民邮电出版社，2013.
[4] 项立明，杨艳卉，李静. 计算机应用基础项目教程（Windows 7+Office 2010）［M］. 北京：北京理工大学出版社，2014.
[5] 柳青，沈明. 计算机应用基础实验指导［M］. 北京：高等教育出版社，2011.
[6] 石忠. 计算机应用基础［M］. 北京：北京理工大学出版社，2015.
[7] 雷建军，万润泽. 大学计算机基础（Windows 7+Office 2010）［M］. 北京：科学出版社，2014.
[8] 冯博琴，刘志强. 大学计算机基础［M］. 北京：高等教育出版社，2004.